Das säurebeständige Email
und seine industrielle Anwendung im Apparatebau

Ein Handbuch
für die chemische Industrie, Nahrungsmittelfabrikation
und andere der Chemie verwandte Industriezweige

von

B. Liebing

Mit 34 Textabbildungen

Berlin
Verlag von Julius Springer
1923

ISBN 978-3-642-90043-3　　ISBN 978-3-642-91900-8 (eBook)
DOI 10.1007/978-3-642-91900-8

Alle Rechte, insbesondere das der Übersetzung in fremde
Sprachen, vorbehalten.

Softcover reprint of the hardcover 1st edition 1923

Vorwort.

Veranlassung zur Herausgabe dieses Handbuches gab mir die Beobachtung, welche ich in mehr als zwanzigjähriger Tätigkeit auf dem Gebiete der Emailfabrikation machen mußte, daß die technische Literatur, wobei von einigen kleinen Aufsätzen in technischen Zeitschriften abgesehen werden soll, so viel wie **nichts** über säurebeständiges Email und vor allem auch über dessen industrielle Verwendung aufzuweisen hat. Es liegt dies jedenfalls daran, daß die Fabrikation emaillierter Apparate für industrielle Zwecke nur von sehr wenigen Werken betrieben wird, welche auch ihr säurebeständiges Email selbst nach eigenen Rezepten anfertigen. Diese Werke wahren ihre Emailbereitung als ein tiefes Geheimnis und glauben sich am besten zu nutzen, wenn sie so wenig wie möglich darüber in die Öffentlichkeit dringen lassen. Sie beschränken sich daher nur auf die übliche Propaganda für den nötigen Absatz ihrer Erzeugnisse, die sich natürlich wieder nur auf bestimmte Kreise erstreckt. Das war jedenfalls die Ursache gewesen, daß bisher zusammenhängende und ausführlichere Mitteilungen für die Öffentlichkeit über einen wichtigen Industriezweig aus berufenen Kreisen unterblieben sind, obwohl ein Bedürfnis danach besteht; denn leider sind große Kreise der Industrie, welche ein bedeutendes Interesse an der Kenntnis über die Verwendungsfähigkeit des säurebeständigen Emails haben müßten, über dessen Eigenschaften und bisherige Fortschritte nicht genügend oder gar nicht unterrichtet.

Hauptzweck dieses Buches soll daher sein — unter Wahrung der Fabrikationsgeheimnisse —, diese Aufklärung allen Interessenten, vor allem Chemikern und Ingenieuren sowie solchen, die es werden wollen, also auch Studierenden, zu geben. Es soll Wegweiser denjenigen werden, für welche das säurebeständige Email bestimmt ist, und es soll Ratgeber Laboratorien und Betrieben sein, in welchen es zur Verwendung kommt. Es soll ferner auch dem Ingenieur und Konstrukteur der chemischen Industrie das Material an Hand geben, das er bedarf, um seine zu projektierenden, säurebeständig emaillierten Apparate stets der Herstellungsmöglichkeit anzupassen. Kommt es ja nur zu oft vor, daß an zu liefernde, säurebeständig emaillierte Apparate Bedingungen geknüpft werden, die nicht erfüllbar sind. Wer aber das Wesen des säurebeständigen Emails kennt, wird innerhalb der möglichsten Grenzen bleiben; wer sich mit ihrer Eigenart und den

Schwierigkeiten ihrer Fabrikation vertraut gemacht hat, wird sich diesem anzupassen wissen. Für den Emailtechniker ist dieses Buch nicht geschrieben.

Ich glaube nun diesen Zweck am besten dadurch zu erreichen, daß ich weitgehendst Aufklärung über Email im allgemeinen und über säurebeständige Emaille im besonderen gebe, ferner welche hervorragenden Eigenschaften das säurebeständige Email besitzt, welche Verwendung es in der Industrie findet, und wie es im Betrieb behandelt werden muß. Auf eine wissenschaftliche Abhandlung soll also das Buch keinen Anspruch machen, denn über die Fabrikation des säurebeständigen Emails und dessen Zusammensetzung in allen Einzelheiten mich auszulassen, verbieten mir gewisse Rücksichten, die ich als jahrzehntelanger Leiter des größten Emailwerkes der hier in Betracht kommenden Art nach Lage der Sache zu nehmen habe. Trotzdem glaube ich aber annehmen zu dürfen, daß das hier Niedergelegte als eine Summe von Erfahrungen betrachtet werden kann, das bei zweckmäßiger Verwendung geeignet sein wird, seine Früchte für den einzelnen wie für die Gesamtheit zu tragen.

Starnberg bei München, Oktober 1922.

Der Verfasser.

Inhaltsverzeichnis.

	Seite
Vorwort	III
I. Allgemeines über das Email	1
II. Das säurebeständige Email	6
III. Eigenschaften des säurebeständigen Emails	15
IV. Allgemeines über säurebeständige Apparate	29
V. Die Fabrikation säurebeständig emaillierter Apparate unter gleichzeitiger Berücksichtigung ihrer Konstruktion	45
VI. Die Reemaillierung	82
VII. Die Behandlung der säurebeständig emaillierten Apparate im Betrieb	88
VIII. Die Verwendungsgebiete der säurebeständig emaillierten Apparate	94

Berichtigung.

Auf Seite 18, 1. Zeile von oben
    lies: . . . kurzen Zeitraum . . .
    statt: . . . kurzen Zwischenraum . . .

Auf Seite 25, vorletzte Zeile
    lies: . . . beschreiten . . .
    statt: . . . beschreiben . . .

Auf Seite 39, 19. Zeile von oben
    lies: . . . die Bedürfnisse der chemischen Industrie . . .
    statt: . . . das Bedürfnis der chemischen Industrie . . .

Auf Seite 43, 12. Zeile von oben
    lies: . . . äußere sich . . .
    statt: . . . äußert sich . . .

Auf Seite 48, 23. Zeile von oben
    lies: . . . ist der nach Abb. 14. Er ist . . .
    statt: . . . ist das nach Abb. 14. Es ist . . .

Auf Seite 72, 25. und 26. Zeile von oben
    lies: . . . Stahlguß- oder schmiedeiserne Außenkessel . . .
    statt: . . . Stahlguß oder schmiedeiserne Außenkessel . . .

I. Allgemeines über das Email.

Wenn man eine Sache genau kennenlernen will, so muß man vor allem auch über den Ursprung derselben unterrichtet sein. Es soll daher auch zur besseren Kenntnis des Emails ein kleiner Rückblick genommen werden, der Aufschluß geben soll zunächst über sein Herkommen und dann, wie aus kleinen, scheinbar unbedeutenden Anfängen sich ein Industriezweig mit der Zeit entwickelte, der Schritt für Schritt an Bedeutung und Ausdehnung gewann und zum Schlusse zur Entwicklung des wichtigsten Teiles dieses Industriezweiges, nämlich zur Fabrikation der säurebeständig emaillierten Apparate führte.

Das Emaillieren ist keine neuzeitliche Erfindung. Es ist etwas Uraltes, denn schon im vorchristlichen Altertum war es den hochkultivierten Völkern bekannt. Allerdings fand das Email nur in der Kunst seine Anwendung, und pflanzte sich diese alleinige künstlerische Auswertung bis zu Beginn des neunzehnten Jahrhunderts fort, mit welchem Zeitpunkt dann auch neben der kunstgewerblichen die rein industrielle Verwertung zu beobachten ist.

Zu den ältesten Völkern, die das Email kannten, gehörten die alten Ägypter und Phönizier. Sie fertigten schon — die heutige Forschung kann dies mit Sicherheit schließen, es braucht ja nur an den emaillierten Brustschild König Ramses II. von Ägypten (1400 v. Chr.), der sich im Louvre in Paris befindet, erinnert zu werden — Email auf Metall aufgetragen und eingebrannt an, jedoch nur zu Kunstgegenständen. In der Hauptsache waren es Schmucksachen, die mit diesem Email, der sogenannten Kapselschmelze, verziert wurden. Auch auf Ton oder Glas wußte man das Email aufzubrennen, jedoch interessiert hier diese Emailkunst weniger als die Emaillierung auf Metall, weshalb sie bei den folgenden Ausführungen nicht weiter in Betracht gezogen werden soll.

Im sechsten Jahrhundert trifft man dann wieder im alten Byzanz, ferner in China und Japan auf die Kunst des Emaillierens von Metallen, die in der Hauptsache stets Gold, Kupfer oder Bronze waren. Es blüht dann die Emailkunst besonders auf in Italien und vor allem auch im alten Venedig. Von den Römern ging die Emailkunst jedenfalls nach Frankreich und an den Rhein über, denn dort treffen wir dieselbe schon sehr frühzeitig und besonders blühend im elften und zwölften Jahrhundert. Die Geschichte erzählt auch von einem berühmten Limusiner oder Maleremail in Limoges Ende des fünfzehnten Jahrhunderts.

Hervorragende Arbeiten wurden überall, wo man die Kunst des Emaillierens ausübte, geleistet. So wurde unter anderem die eiserne Krone in Monza, die Pala d'Oro in Venedig, Reliquienschreine, darunter der der heiligen drei Könige in Köln, kostbare Buchdeckel und Vasen und bis zu Beginn des neunzehnten Jahrhunderts auch besonders gern Medaillons und Uhren mit Email ausgelegt und damit diesen Gegenständen hohe Zierde verliehen. Bei allem aber, was die Geschichte der Emailtechnik in stattlich langer Reihe an Werken aufzählt, zeigt sich immer wieder, daß sie allein der Herstellung von Kunst- und Luxuserzeugnissen diente.

Wenn nach dem Vorgesagten die Geschichte der Emailkunst auf einen nach vielen Jahrhunderten zählenden Zeitraum zurückblicken kann, in welchem gerade die Kunst des Emaillierens auf Metalle in höchster Blüte stand, so erscheint es auf den ersten Blick unverständlich, daß es erst dem neunzehnten Jahrhundert vorbehalten blieb, diese Kunst einem breiteren Boden der Entfaltung zuzuführen. Und doch wird dies bei näherer Untersuchung der Ursachen verständlich. Wo keine Bedürfnisse vorhanden sind, ist eine Entwicklung in der Regel ausgeschlossen. Bedarf weckt den Erfindergeist des Menschen. Dieser Bedarf stellte sich ein, als mit Beginn des technischen Zeitalters, nachdem die Dampfmaschine und mit dieser andere bedeutende Erfindungen auf technischem Gebiet ihren Siegeslauf durch die Welt antraten, eine immer mächtigere Entfaltung aller Gewerbe- und Industriezweige hervorgerufen wurde.

Schon Ende des achtzehnten, vor allem aber zu Beginn des neunzehnten Jahrhunderts lassen sich Anzeichen bemerken, daß die Emailtechnik die seit Jahrhunderten altgewohnten Bahnen verläßt und neue Pfade betritt. Man kommt auf den glücklichen Gedanken, die Kunst, metallene Gegenstände durch das Email mit einer schützenden Decke zu versehen, auch für den Hausbedarf nutzbar zu machen. Man versuchte, metallene Gefäße, insbesondere Küchengeschirr aus Blech, das oft den Speisen einen unangenehmen Beigeschmack und Mißfarbe gab, mit einem Emailüberzug herzustellen, und bald war ein brauchbares Hausgerät auf dem Markte, das weit höheren Anforderungen entsprach und in kurzer Zeit sich großer Beliebtheit erfreute. Der erste Anfang war damit für die Anwendung der Emailtechnik auf gewerblichem Gebiete gemacht. Nunmehr dauerte es nicht mehr lange, und das Email fand außer für künstlerische und kleingewerbliche auch für industrielle Zwecke ausgebreitete Verwendung. Fabriken bemächtigten sich der Neuerung und stellten emailliertes Küchengeschirr im Großen her. Bald dehnt sich diese industrielle Betätigung weiter auf andere Bedarfsgegenstände aus, die man gegen Witterungseinflüsse zu schützen suchte, so vor allem auf gewissen Bauguß, und betrat damit, daß man das Emaillieren nicht mehr auf Blechwaren beschränkte, sondern auf Gußgegenstände anzuwenden suchte und auch anzuwenden verstand, Bahnen, die ganz von selbst zu einem Industriezweig führen mußten, welcher bei vielen seiner Gebrauchsgegenstände des Schutzes gegen äußere zerstörende Einflüsse benötigte, nämlich zur chemischen Industrie. Mit dieser Industrie hängt von nun an die Emailindustrie auf das innigste zusammen, denn ohne die gewaltige Entwicklung derselben wäre die Emailtechnik nie zu ihren Erfolgen gekommen.

Als die chemische Industrie ihren Aufstieg bekanntlich in ungeahnter Weise im Laufe des neunzehnten Jahrhunderts begann und in einer Weise fortsetzte, wie es nur noch wenige Industriezweige aufzuweisen hatten, machte sich auch ein starkes Bedürfnis in Geräten und Apparaten aller Art geltend, die aus Materialien mit möglichst großer Widerstandskraft gegen chemische Angriffe bestehen mußten. Solche Materialien waren, solange von einer chemischen Industrie nicht gesprochen werden konnte und sich die ganze Tätigkeit der Chemie nur in Gelehrtenstuben sowie in mehr oder minder kleinem oder größeren Laboratorien abspielte, Glas, Porzellan und Edelmetalle. Als jedoch die Chemie ihre Tätigkeit in das Große entfaltete und zur Produktion sich nicht mehr kleiner Arbeitsräume allein, sondern vor allem großer Fabrikräume bedienen mußte, da genügten diese Materialien nicht mehr. Vielfach waren sie gar nicht mehr zweckentsprechend, ganz abgesehen von ihren Anschaffungspreisen, die bei der industriellen Erzeugung der einzelnen Produkte bald eine ebenso große Rolle spielten wie bei anderen Industriezweigen.

Der Chemiker bedarf zur industriellen Herstellung seiner Produkte meistens einer sehr umfangreichen Apparatur, wie Röhren, Trichter, Schalen, Kochgefäße, Retorten, Autoklaven, mehr oder minder komplizierte Rührwerke, Destillierapparate u. a. m. Oft sind die benötigten Gefäße hohen Drucken ausgesetzt, oft stehen sie unter Vakuum. Dabei kommen fast immer mehr oder weniger starke chemische Einwirkungen in Betracht, die zersetzend auf die Apparatewandungen einwirken. Schwer war es oft bei Zusammenstellung der Apparaturen, allen Bedingungen bei der Wahl der Materialien zu genügen. Man griff zu Holz, Ton und Steinzeug, solange keine oder doch nur ganz unbedeutende innere oder äußere Drucke in Frage kamen, wo starke Druckwirkungen bestimmend wurden, mußte zu widerstandsfähigeren Materialien übergegangen werden. Wohl gab es deren viele, allein da der Kostenpunkt, die Anschaffungspreise sehr oft für den Chemiker bei der Wahl seiner Hilfsmittel bestimmend sein müssen, waren Edelmetalle ja nur noch ganz ausnahmsweise und meistens auch nur bei kleinen Apparaten und Apparateteilen verwendbar. Man mußte zu unedlen Metallen, Schmiedeeisen und Gußeisen oder, was in späterer Zeit in einzelnen Fällen auch geschah, zu Stahlguß greifen. Andere Materialien waren dann bisweilen auch verzinktes oder verzinntes Eisen sowie Blei und Hartblei, die viel zu Auskleidungen gewählt wurden. Alle die genannten Materialien konnten aber nur in verhältnismäßig wenigen Fällen vollständig entsprechen, da sie außer sonstigen Mängeln zu ungenügende Widerstandsfähigkeit gegen die chemischen Einflüsse zeigten. Es soll später an geeigneterer Stelle etwas eingehender besprochen werden, warum diese Materialien der chemischen Industrie nicht genügen konnten und durch das säurebeständige Email überall da, wo hohe Widerstandskraft gegen zersetzende Einflüsse und andere hervorragende Eigenschaften notwendig wurden, verdrängt werden mußten. Die Emailindustrie hatte jedenfalls in der Erkenntnis, daß sie nicht zu genügen vermochten, sobald sie einmal auf den Weg industrieller Betätigung sich befand, den richtigen Schluß gezogen: **Glas ist das vollkommenste Material des chemischen Laboratoriums, Email muß es für den chemischen Fabrikraum werden.**

Zuerst waren es schwache Versuche, welche die Emailindustrie schon frühzeitig, als sie sich der emaillierten Geschirrfabrikation bemächtigt hatte, machte, um in der chemischen Industrie Fuß zu fassen. Das Email, das ja als eine Glasschmelze zu betrachten ist, besaß wohl gute Eigenschaften, die es der chemischen Industrie verwendbar erscheinen ließ, allein sie waren doch in vielen Fällen ebenfalls nicht genügend. Vor allem besaß es noch in viel zu geringem Maße die von der chemischen Industrie geforderte Säurewiderstandsfähigkeit. Es ist daher leicht einzusehen, daß sich manche Köpfe damals damit beschäftigten, das Emailprodukt so zu verbessern, daß es diese höhere Widerstandskraft erhielt. Die Lösung dieses Problems war aber nicht leicht. Irgendeine wissenschaftliche Basis gab es nicht, auf welche sich der damalige Emailtechniker stellen und weiterbauen konnte. Alles, was man in der Emailtechnik kannte, beruhte auf der Erfahrung, auf rein praktischer Grundlage. Und doch gelang es unermüdlichem Fleiße, das Problem in der zweiten Hälfte des vorigen Jahrhunderts so zu lösen, daß man schon vor fünfzig Jahren über ein Email, auf Gußeisen aufgebrannt, verfügen konnte, das den damaligen Ansprüchen der chemischen Industrie im Klein- wie im Großbetrieb wie kein anderes gebräuchliches Material entsprach. Dieses Email, welches das Produkt rastloser Bemühungen und bedeutender Opfer nur weniger Emaillierwerke war, nannte man in der Folge, zum Unterschiede des bisher allein für industrielle Zwecke angefertigten Geschirr- oder Potterieemails, **das säurebeständige Email.**

Beschränkte man sich nun zu Anfang auf die Fabrikation dünnwandiger emaillierter Gefäße und Kessel, einfacher Dampfkochkessel, Abdampfschalen und dergleichen, so ging man doch bald auch über auf die Herstellung komplizierterer Apparate. Das war dann möglich, als man gelernt hatte, die säurebeständige Emaillierung in Verbindung mit starkwandigen Gußstücken einwandfrei anzuwenden. Von diesem Zeitpunkte ab führte sich der säurebeständig emaillierte Apparat derart in raschem Siegeslauf über die ganze Welt, wo industrielle Tätigkeit das Bedürfnis nach möglichst vollkommenen, gegen chemische Angriffe widerstandsfähigen Apparaten geltend machte, ein, daß dieser Eroberungszug wohl der beste Beweis von der Notwendigkeit und Unentbehrlichkeit des säurebeständigen Emails ist.

Schon aus dem Vorgesagten geht deutlich hervor, daß es nicht einerlei bei der Beurteilung des Emails auf seine Eigenschaften und Verwendbarkeit ist, welcher Emailart man sich bedient. Es muß vor allem scharf auseinandergehalten werden zwischen dem gewöhnlichen Email, das seiner Anwendung nach auch als **Blech oder Potterieemail** bezeichnet wird, und dem **säurebeständigen Email**. Das erstere kann keinen Anspruch auf Säurebeständigkeit erheben, das letztere muß es als sein besonderes Charakteristikum betrachten. Leider wird das in der verbrauchenden Industrie noch vielfach übersehen, und bedauerlicherweise tragen zu diesem Irrtum — es muß dies hier mit aller Deutlichkeit gesagt werden — sogar Emailfachleute bei. Diese Fachleute können meistens den Anspruch auf diesen Titel insoweit erheben, solange es sich um das vorgenannte Blech- oder Potterieemail handelt, selten aber nur, wenn die Fabrikation des säurebeständigen Emails in Frage kommt. Diese Fabrikation ist, wie aus den späteren Ausführungen hervorgehen wird, eine völlig abweichende von der des gewöhnlichen Emails, das auch immer der Massenfabrikation dienen wird, was bei dem säurebeständigen Email, solange es der chemischen Industrie ihre Dienste fast ausschließlich widmet, niemals der Fall sein kann.

Wenn hier von Irrtum die Rede ist, so rührt dies hauptsächlich daher, daß gewisse Emailfachleute die Schwierigkeiten verkennen, die die Herstellung einer wirklich säurebeständigen Emaillierung bietet. Es wäre sonst ganz ausgeschlossen, daß man immer und immer wieder beobachten kann, wie diese Fachleute ihre Kenntnisse über die Fabrikation säurebeständigen Emails aus der vorhandenen Emailliteratur schöpfen, ohne zu wissen, daß die daselbst veröffentlichten Vorschriften niemals zum gewünschten Ziele führen. Die aus dieser Literatur entnommenen Angaben ermöglichen keine Emailbereitung, welche neben der erforderlichen hohen Säurebeständigkeit zugleich die anderen notwendigen Eigenschaften aufweisen kann, und die sie für den Apparatebau der chemischen Industrie verwendbar macht. Die Kenntnis dieser Emailfabrikation ist bis jetzt noch in der Hauptsache das Produkt jahrzehntelanger Erfahrungen, die diejenigen Fabrikanten als ihr Geheimnis betrachten, welche sie unter Aufwand großer Opfer auf die heutige Höhe der Entwicklung gebracht haben.

Wenn daher die chemische Industrie ein Urteil über säurebeständiges Email in Erwägung zu ziehen hat, prüfe sie sorgfältig, wer es ausspricht. Wenn sie ein Angebot auf säurebeständig emaillierte Fabrikate erhält, achte sie ängstlich darauf, wer dieselben anbietet. Es gilt dies besonders für chemische Werke, welche die ersten Versuche mit säurebeständigem Email machen. Oft ist ja ein solch erster Versuch ausschlaggebend. Noch ist die Fabrikation wirklich zweckentsprechender säurebeständig emaillierter Apparate nur auf wenige Emaillierwerke beschränkt. Auf dem europäischen Kontinent sind es kaum mehr als ein halbes Dutzend, worunter die Mehrzahl, und darunter die ältesten, bedeutendsten und zuverlässigsten, auf Deutschland, das ja auch die größte und blühendste chemische Industrie aufzuweisen hat, entfallen. Die geradezu staunenswert in Deutschland sich entwickelnde chemische Industrie hat mit ihrem gewaltigen Bedarf ungemein anregend und befruchtend auf die deutsche Emailindustrie eingewirkt, und daraus erklärt sich auch deren Übergewicht gegenüber anderen Ländern. Das Ausland, besonders die außereuropäischen Industriestaaten, haben mit ihren wenigen Emaillierwerken nicht vermocht, die deutsche Emailindustrie in bezug auf Qualität und Leistungsfähigkeit zu erreichen. Es wird bei den weiteren Betrachtungen möglich sein, darüber später noch einiges zu sagen.

II. Das säurebeständige Email.

In den vorstehenden Ausführungen ist als bewegende Kraft in der Entstehung und weiteren Entwicklung des säurebeständigen Emails die chemische Industrie bezeichnet. Es kann kein Zweifel bestehen, daß sie allein es war, wenn sie selbst auch daran keinen weiteren Anteil hat als den der Anregung, wie sie eine Industrie hervorrufen muß, die dauernd einen bedeutenden Bedarf zur Durchführung ihrer großen Produktion und zur Erreichung ihrer weitgesteckten Ziele hat. Da deshalb in den folgenden Ausführungen die chemische Industrie weiter naturgemäß eine Rolle spielt und immer wieder genannt werden muß, sei ein für allemal aufklärend bemerkt, daß, wenn fernerhin von der chemischen Industrie im allgemeinen gesprochen wird, darunter nicht nur rein chemische Werke, sondern auch die ihr verwandten Industriezweige, wie z. B. Färbereien, Nahrungsmittelwerke, Lack- und Firnisfabriken u. a. m. zu verstehen sind.

So sehr also die chemische Industrie untrennbar mit der Entstehung und Entwicklung der Emailtechnik und speziell der Fabrikation des säurebeständigen Emails verbunden ist, so wenig wirkliche Kenner sind auf diesem Gebiete unter Chemikern und Ingenieuren anzutreffen. So ist man — es soll zunächst von allem anderen abgesehen werden — nicht selten in Chemiker- und Ingenieurkreisen der Meinung, daß j e d e s E m a i l säurebeständig ist, und von dieser Ansicht ausgehend, wird dann das säurebeständige Email bezüglich seiner Eigenschaften und Verwendbarkeit beurteilt. Wenn man nun eine gewisse Widerstandsfähigkeit gegen leichte chemische Angriffe gelten lassen will, trifft diese Ansicht auch zu. In Wirklichkeit ist aber die dem gewöhnlichen Email zugeschriebene Widerstandsfähigkeit derart gering, daß sie deshalb diesem Email nicht den Charakter der Säurebeständigkeit verleihen kann.

Um hier klar zu sehen, um diese wichtige Frage vor allem einwandfrei beantworten zu können, ist es gut, zunächst einmal festzustellen, was man überhaupt unter Email zu verstehen hat. Da sagt nun jedes technische Lehrbuch ganz richtig, daß Email ein leichtflüssiger, undurchsichtiger Glasfluß, eine Art Schmelzglas ist, welches besonders zum Überziehen von Metallen dient, um diese entweder zu verzieren oder gegen äußere Einflüsse zu schützen.

Die Hauptbestandteile der meisten Emailarten bilden Quarz, Feldspat, Ton, Soda und Borax. Es ist auch nicht selten, daß man hierzu noch pulverisiertes Glas zu rechnen hat. Als Schmelzmittel kommen in Betracht: Flußspat, Salpeter, Pottasche. Jede Emailschmelze gibt einen undurchsichtigen Glasfluß. Man spricht daher auch von einer opaken Email. Man legt nun stets in der Emailindustrie großes Gewicht auf das Aussehen des Emails und benutzt dazu bei der industriellen Verwendung sogenannte Trübungsmittel. Der Ausdruck ist jedenfalls verfehlt, denn wie schon bemerkt, kann Email auf ein klares, durchsichtiges Aussehen überhaupt keinen Anspruch machen. Man hat auch in Wirklichkeit unter „Trüben" ein milchiges Färben des Emails zu verstehen und erreicht dieses Farbe am besten durch den Zusatz von Zinnoxyd. Die Kriegszeit hat aber auch in der Anwendung dieses früher fast allgemein angewandten Trübungsmittels einen Wandel herbeigeführt, indem an Stelle des sehr teuer gewordenen, oft nicht zu erhaltenden Zinnoxyds andere Zusätze, wie z. B. Terrar, traten. Wohl hat darunter die schöne, weiße Trübung Einbuße erlitten, allein die Not hat darüber hinwegschauen gelehrt, und heute hat man sich auch daran gewöhnt. Außer der beliebten weißen Farbe werden auch sehr viele andere Färbungen, wie Blau, Violett, Rot usw., angewandt, was durch den Zusatz von Metalloxyden erreicht wird.

So bekannt das hier Gesagte ist, so muß es dennoch ausgesprochen werden, weil daraus ohne weiteres ersichtlich ist, wie gering nur die Widerstandsfähigkeit gegen starke chemische Angriffe sein kann, wenn man die Rohmaterialien und deren Eigenschaften scharf ins Auge faßt, aus welchen das Email hergestellt wird.

Wenn nun Glas zweifelsohne von jeher vorbildlich für die Herstellung des Emails war, so wurde es dies um so mehr, als man dahin strebte, eine gegen starke Säureangriffe widerstandsfähige Emailschmelze zu finden, denn Glasgefäße galten schon immer im Laboratoriumsraum als zu den besten Gerätschaften gehörend, welchen sich der Chemiker bei zu erwartenden bedeutenden chemischen Einwirkungen bediente. Und doch ist dem Laboratoriumsforscher — es sei nur auf diesbezügliche Arbeiten von R. Fresenius hingewiesen — längst bekannt, daß auch Glas von wässerigen Lösungen, Alkalien und Ammoniak bisweilen angegriffen wird und dadurch nicht selten Präparate schädlich beeinflussen kann. Fehlschlüsse sind dadurch beim Gebrauch gewisser Glasgeräte nicht ausgeschlossen. Diese Beobachtungen sind aber nur bei Gläsern zu machen, die sich in ihrer Zusammensetzung als Kieselsäure-Metallverbindungen dem gewöhnlichen Email, d. i. also Blech- oder Potterieemail nähern. Es gibt Glas von einer Beschaffenheit, wie z. B. die Original-Soxhletflaschen es sind, das von einer Reinheit der Zusammensetzung ist, daß jede merkbare Zersetzung, die irgendwie schädlich auf das herzustellende Präparat einzuwirken vermöchte, ausgeschlossen ist. Nur dieses Glas ist es, was hier vorbildlich genannt wird, wenn in den folgenden Ausführungen Glas in eine Parallele mit Email zu stehen kommt, und wenn es als eine Schmelze bezeichnet wird, die im wesentlichen aus Alkali- und Erdalkalisilikaten besteht. Email dagegen ist meist eine solche von Alkali- und Erdalkalisilikaten, **gemengt mit Boraten. Email ist also leichter schmelzbar als Glas.**

Ist Glas im allgemeinen als sehr widerstandsfähig gegen starke Säuren und Alkalien zu bezeichnen, so ist dies für Email unbedingt zu verneinen. Genügt dieses Email, um gewisse Metalle durch Überziehen derselben vor dem zerstörenden Einfluß der Witterung, der Luft zu schützen, sie gleichzeitig dabei oft zu verzieren, und genügt sie, gewisse Blech- sowie Gußeisengefäße und -geräte für den Hausgebrauch oder in besonderen Fällen auch für die Technik gegen leichtere Zersetzungseinflüsse widerstandsfähig zu machen, so genügt sie aber keineswegs den Ansprüchen der chemischen Industrie, welche diese in den überwiegendsten Fällen an ihre Apparatur zu stellen gezwungen ist. Hier handelt es sich darum, ein Material für Geräte und Gefäße zu verwenden, das den stärksten Angriffen von Säuren und Alkalien gewachsen ist. Dieses Material konnte, wenn Email in Betracht kommen sollte, nur geschaffen werden, sobald ein solches möglichst dem Glas nachgebildet wurde. Glas ist sicher, selbstverständlich immer unter den bekanntgegebenen Voraussetzungen, das vorzüglichste Apparatematerial, welches die chemische Industrie besitzt. Leider kann sie es nur im kleinen und auch da nur, wo Druckwirkungen fehlen, verwenden.

Dem Streben des Emailtechnikers war also der Weg, den er zu beschreiten hatte, vorgezeichnet. Konnte er das Email derart verbessern, daß es möglichst dem Glas gleichkam, so mußte das Ziel erreicht werden. Dieser Weg wurde der Erkenntnis gemäß beschritten und dabei eine Emailart gefunden, die mit voller Berechtigung als **säurebeständiges Email** bezeichnet, immer mehr allen Ansprüchen der chemischen Industrie zu genügen versprach und tatsächlich heute auf einem Entwicklungspunkt angelangt ist, der in den meisten Fällen den höchsten Ansprüchen zu entsprechen vermag.

Es war eine neue Zeitepoche für die Emailindustrie angebrochen.

Von diesem Zeitpunkte ab hatte man nicht allein die Emailarten, sondern auch die verschiedenen Emaillierwerke scharf auseinanderzuhalten, was bald um so leichter möglich war, als in der Regel diejenigen Werke, welche sich mit der Fabrikation säurebeständigen Emails und damit auch mit derjenigen säurebeständig emaillierter Apparate befaßten, von der Herstellung und Verwendung gewöhnlichen Emails ganz absahen oder doch nur ausnahmsweise betrieben. Beide Fabrikationszweige zu vereinigen, verträgt sich nicht gut, denn die Einrichtungen, welche die Werke zur Herstellung und Verarbeitung des säurebeständigen Emails benötigen, erfordern viel umfangreichere Anlagen und bedeutende Abweichungen von denjenigen, welche die Verarbeitung des Blech- und Potterieemails und damit die Massenfabrikation betreiben.

Es ist notwendig, um das säurebeständige Email besser beurteilen zu können, auf dessen Fabrikation näher einzugehen. Das säurebeständige Email besteht im Gegensatz zu dem Blech- und Potterieemail, welches, wie schon hervorgehoben wurde, einen hohen Prozentsatz Alkaliborate enthält, in der Hauptsache aus Erdalkalisilikaten. Es ist also ein Glasfluß, der als Hauptbestandteile neben der Kieselerde (Kieselsäureanhydrid = SiO_2) noch Aluminiumoxyd (Al_2O_3), Kalziumoxyd (CaO) und Magnesia (MgO) enthält.

Die Benutzung eines möglichst reinen Quarzes ist ein Haupterfordernis zur Bereitung eines guten, säurebeständigen Emails, wie überhaupt auf die Auswahl der zu benutzenden Rohmaterialien das größte Gewicht gelegt werden muß. In der Auswahl leichter Flußmittel ist man natürlich äußerst vorsichtig, damit die hohe Säurebeständigkeit nicht wieder durch solche Zusätze schädlich beeinflußt wird.

Im starken Gegensatz zum Blechemail sieht man beim säurebeständigen Email von Färbungsmitteln ganz ab, da jeder Zusatz dieser Art die Widerstandsfähigkeit gegen starke chemische Angriffe sehr vermindern würde. Man begnügt sich mit der Trübung, d. h. man wendet die weißeFärbung an, indem man zu dem etwas kleineren Übel greift, nämlich zum Zusatze von Zinnoxyd. Solches getrübtes Email zeichnet sich immer durch eine überaus schöne, milchig weiße Farbe aus, allein es darf auch hier nicht übersehen werden, daß durch diesen Zusatz von Zinnoxyd die Säurebeständigkeit jedenfalls beeinträchtigt wird. So sehr der Chemiker die schneeweiße Trübung des Emails liebt, was aus einer Reihe von Gründen erklärlich ist, so ist dies doch eine sehr wichtige Ursache, auf das schöne helle Aussehen zu verzichten. Der Krieg hat da als Vermittler mitgewirkt. Wie schon früher ausgeführt, hatte der Mangel an Zinnoxyd während des Weltkrieges und außerdem auch die Teuerung dazu geführt, sich anderer Mittel zu bedienen. Diese Not hat, wie oft in solchen Fällen, auch hier ein Wunder gewirkt. Man hatte nicht nur gelernt, das teuere Zinnoxyd durch andere, billigere Trübungsmittel zu ersetzen, sondern auch solche Zusätze entdeckt, die die Säurebeständigkeit mehr als unbeeinträchtigt ließen, die sie sogar erhöhten. Das Aussehen des Emails ist bei einer solchen Email allerdings nicht mehr blendend weiß, oft nimmt es eine leicht ins Graue oder Blaßgelbe spielende Färbung an. Das darf nicht dazu verleiten, das Email als geringwertiger zu taxieren, im Gegenteil. Man hat in solchen Fällen sicher ein widerstandsfähigeres Email vor sich, als wenn es ein schönes weißes Aussehen zeigt.

Jedes Werk hat nun seine eigenen Rezepte und Arbeitsmethoden säurebeständiges Email zu bereiten, die meist auf einer langjährigen Erfahrung beruhen und die Wahl der Rohstoffe, deren Beschaffenheit und Mengenverhältnisse, vor allem aber auch die Art der Aufbereitung bestimmen. Es genügt also nicht, sogenannte gute Rezepte zu besitzen. Mit denselben wird kein Chemiker und Ingenieur etwas anzufangen wissen, es sei denn, daß er durch seine Betriebstätigkeit in Werken, welche die Fabrikation säurebeständig emaillierter Apparate als Spezialität betreiben, die notwendigen Kenntnisse zur Beurteilung solcher Rezepte und deren Aufbereitung erworben hat.

So sei hier gleich bemerkt, daß sich in neuerer Zeit einige chemische Fabriken damit beschäftigen, gute Emailrezepte zu finden, um sie an Verbraucher, also an Emaillierwerke zu offerieren und zu verkaufen. Soweit diese Rezepte sich auf die Herstellung der bekannten emaillierten Handelswaren, wie Kochgeschirre, Bauguß und ähnliches, also auf Massenerzeugung beziehen, werden dieselben vielfach angewandt. Sie finden aber, soweit es sich um sogenannte säurebeständige Emailrezepte handelt, keine Verwendung; denn kein Werk, das sich zurzeit mit der Fabrikation wirklich brauchbarer, säurebeständig emaillierter Apparate beschäftigt, arbeitet nach solchen Rezepten. Damit soll aber durchaus nicht gesagt sein, daß sie wertlos sind. Sicher ist manches Rezept gut, allein eine gute säurebeständige Emaillierung ist niemals von einem, aber auch nicht von mehreren guten Rezepten abhängig. Stets hängt das Gelingen derselben von mehrmaligem Auftragen verschiedenartiger Emailmassen, die durchaus zusammenpassen und auch der zur Verwendung kommenden Eisengattierung entsprechen müssen, ab. Außerdem kommen noch verschiedene andere Faktoren in Betracht, die mit den zur Anwendung kommenden Rezepten übereinstimmen müssen. Ohne das Zusammenstimmen aller dieser Arbeitsbedingungen, welche am besten zu erkennen sind aus den vielen Vorgängen, gerechnet vom Beginn der Emailbereitung bis zum fertig gebrannten emaillierten Gußstück, ist ein Gelingen des Emailprozesses, aber auch der Erhalt einer wirklich brauchbaren Qualität niemals zu erreichen.

Gute Emailrezepte allein bieten also noch keine Gewähr für eine zweckentsprechende Emaillierung. Man wird sie bisweilen ankaufen der Orientierung wegen, man wird sich über dieselben näher informieren, um eventuell Brauchbares daraus zu verwerten, aber man wird bei den Emaillierwerken immer nur auf dem Altbewährten, auf den unter großen Mühen und Kosten gesammelten Erfahrungen weiter aufbauen.

Bisweilen tauchen auch Angebote von Verfahren und Rezepte für säurebeständige Email von Zivilingenieuren oder Emailtechnikern auf. Über den Wert derselben ist nichts anderes zu sagen, als was in Vorstehendem schon zum Ausdruck gebracht ist.

Zum weiteren Verständnis der Fabrikation muß nun hervorgehoben werden, daß es bis jetzt nur gelungen ist, ein wirklich säurebeständiges Email auf Gußeisen aufzubrennen. Schmiedeeisen, also auch Eisenblech säurebeständig zu emaillieren, ist nur teilweise gelungen. Diese Emaillierung ist nur unter gewissen Voraussetzungen möglich, ist dann aber nicht von der hervorragenden Güte wie bei Gußeisen, worauf noch später zurückgekommen wird. Die Versuche, Stahlguß und Metalle säurebeständig zu emaillieren, sind bis jetzt als mißlungen zu bezeichnen. Eine Emaillierung gewöhnlicher Art ist jedoch bei diesen Materialien möglich.

Leicht ist es einzusehen, welche Schwierigkeiten zu überwinden waren, bevor es gelang, einen haltbaren Glasfluß auf eine Gußfläche aufzubrennen, wenn man berücksichtigt, wie grundverschieden beide Materialien in ihren Eigenschaften sind. Eine Hauptschwierigkeit beruht vor allem in der verschiedenen Ausdehnung von Eisen und

Email bei starker Erhitzung und bei bedeutender Abkühlung. Alle Schwierigkeiten wurden jedoch wider Erwarten geradezu bewundernswert behoben. Ein Fingerzeig dazu war allerdings schon durch die Fabrikation des Blechemails und der daselbst schon zur Anwendung gekommenen Grundmasse gegeben, obwohl, wie schon hervorgehoben wurde, der bestehende gewaltige Unterschied zwischen der Blechemaillierung und der säurebeständigen Emaillierung nie übersehen werden darf. Erstere muß sich, wobei zur Beleuchtung des vorliegenden Falles von allen anderen Eigenschaften beider Emailarten abgesehen werden kann, mit einer sehr dünnen Gesamt-Emailschicht begnügen, letztere kann dies nicht. Sie trägt sich bedeutend stärker auf, da dies sowohl durch die zur Anwendung kommenden anderen Emailmassen wie auch durch die vermehrten Auflagen derselben bedingt ist. Dieses Aufbrennen von mehreren Lagen Emailmasse außer der Grundmasse erschwert ungemein die Fabrikation, weil sie das Gelingen des zu emaillierenden Stückes immer wieder mit jedem Brand gefährdet. Weiter handelt es sich bei der Blechemaillierung immer nur um die Verwendung dünnwandiger Stücke wie z. B. Blechgeschirr für den Küchengebrauch, Badewannen, Ablaufbecken, Firmenschilder und dergleichen. Der Emaillierprozeß ist daher stets derselbe; in der Regel handelt es sich sogar um eine Massenfabrikation. Ganz anders aber liegt der Fall bei der Verwendung des säurebeständigen Emails zum Schutze von Gußkörpern mit stets wechselnden Ausführungsvorschriften. Im Apparatebau — und für diesen ist ja das säurebeständige Email fast ausschließlich bestimmt — wechseln Form und Wandung der zu emaillierenden Gegenstände fortwährend, hängen diese doch ganz vom Verwendungszweck ab. Aufstellungsraum, Stärke der Beanspruchung aller Art, vor allem die Höhe innerer oder äußerer Drücke bestimmen die Ausbildung der Apparate und besonders deren Wandverhältnisse. Es ist aber durchaus nicht gleich leicht oder besser gesagt, gleich schwer, ein Gußgefäß von vielleicht 5 mm oder ein solches von 50 mm mit säurebeständiger Email haltbar zu überziehen. Ebenso schwierig ist es, wenn einmal die Aufgabe gestellt ist, Gegenstände wie komplizierte Rührer, Apparatdeckel mit Durchbrechungen und Aufsätzen (Flanschen, Stopfbüchsen usw.), die einen überaus großen Wechsel in den Gußstärkeverhältnissen an ein und demselben Stück verlangen, zu emaillieren.

Alle diese Schwierigkeiten, die mit dem Aufbrennen des Emails auf solche stark wechselnden Körper verbunden waren und auf die Zusammensetzung des Emails großen Einfluß ausübten, wurden aber glücklich durch die Emaillierwerke überwunden und das hauptsächlich durch die Anwendung eines Grundemails oder einer Grundmasse, die als ein Vermittlungsglied zwischen der Eisenfläche und des auf die Grundmasse folgenden Deckemails anzusehen ist. Diese Grundmasse hat der Emailtechnik großes Kopfzerbrechen verursacht und viel Zeit und Geld gekostet. Trotzdem kann schon seit Jahrzehnten dieses Problem als vollständig gelöst betrachtet werden, was ja auch durch den steten Fortschritt im Bau säurebeständig emaillierter Apparate, dem heute kaum mehr etwas unmöglich erscheint, bewiesen ist. Die Grundmasse ist es also in erster Linie, welche eine haltbare Emaildecke auf verschieden starken Gußstücken ermöglicht, da ohne sie das haltbare Auflegen der eigentlichen Emaildecke, das ist des Deckemails, unmöglich wäre.

Zur weiteren Beurteilung der säurebeständigen Emailfabrikation ist es notwendig, zu wissen, daß zur Emaillierung eines Gußstückes immer mehrere Lagen Emailmasse, die nacheinander je nach den Arbeitsmethoden der Werke, teils naß, teils trocken, dabei möglichst gleichmäßig aufgetragen und aufgebrannt werden müssen, gehören. Ferner ist zu beachten, daß diese verschiedenen Aufträge niemals gleicher Art sind, was ja auch schon daraus hervorgeht, daß der erste aus der Grundmasse, die nachfolgenden aus Deckmasse bestehen müssen. Hierzu kommt dann oft noch ein Auftrag von Glasurmasse.

Die Zusammensetzung der Grund-, Deck- und Glasurmassen gehen mehr oder minder stark auseinander, je nach Arbeitsweisen und Erfahrungen der Werke. Dabei ziehen manche der Emaillierwerke es vor, sich nur auf die Ausführung möglichst weniger Rezepte zu beschränken, andere stehen auf entgegengesetztem Standpunkte, worauf später noch zurückgekommen werden soll.

Wie immer nun auch die einzelnen Rezepte der Emaillierwerke zusammengesetzt sind, alle legen den größten Wert darauf, jeden Zusatz nach Möglichkeit zu vermeiden, der die Säurebeständigkeit beeinträchtigt. Das gelingt hier vollkommen, dort weniger, worauf zurückzuführen ist, daß durchaus nicht alle Fabrikate säurebeständiger Emaillierung gleichwertig sind. Zusätze, die die leichtere Schmelzbarkeit erhöhen, vermindern den Grad der Säurebeständigkeit. Es wird also dasjenige Emaillierwerk das höchstsäurebeständigste Email herstellen, welches eine tadellose Emaillierung erreicht, ohne die Schmelzbarkeit zu sehr erhöhen zu müssen. Auch färbende Zusätze drücken, wie schon früher gesagt, die Säurebeständigkeit herab, denn die Färbungen werden erzielt durch den Zusatz von Metalloxyden. **Bei einem guten, säurebeständigen Emailfabrikat wird daher jede Färbung vermieden.**

Die Aufbereitung der Emailmassen weicht ebenfalls bei den Emaillierwerken sehr voneinander ab. Sie erfordert eine umfangreiche maschinelle Einrichtung sowie verschiedene Ofenanlagen. Sowohl die Grundmasse wie alle übrigen Emailmassen bedingen eine sehr sorgfältige Abwägung der zu benutzenden Rohstoffe. Hierauf folgt gewöhnlich eine gründliche Mischung derselben, und dann — je nachdem es sich um Grund- oder Emailmasse handelt — ein Fritten oder Schmelzen der Gemenge, wozu dann besondere Glüh- und Schmelzöfen vorhanden sind. Diese gefritteten oder geschmolzenen Massen werden hierauf, je nach den Arbeitsmethoden der Werke, weiter auf Mühlen verarbeitet, was teils naß, teils trocken geschieht.

Grundemail und Deckemail haben einen sehr hohen Prozentsatz an Kieselsäure, weshalb beide sehr schwer schmelzbar sind. Der Schmelzpunkt des ersteren liegt höher als derjenige des letzteren. Der Glasurmassen-Schmelzpunkt liegt noch unter dem der Deckmasse.

Das Aufbrennen der Emailmassen auf die Gußflächen erfordert aber in jedem Falle die Anwendung äußerst hoher Temperaturen, was schon äußerlich daran ersichtlich ist, daß die zu emaillierenden Gußstücke stets hellrotglühend die Brennöfen verlassen. Dabei sind dann die Brennzeiten nach Stunden zu bemessen und die Stundenzahl um so höher, je starkwandiger die Gußgegenstände sind. Daß natürlich dieses Aufbrennen der Emailmassen auf Guß als ein überaus wichtiges Schlußglied in der ganzen Prozeßkette betrachtet werden muß, bedarf wohl kaum nach allen Mitteilungen, die bisher über die Fabrikation säurebeständigen Emails gemacht worden sind, noch einmal der besonderen Unterstreichung. Es ist daher auch ohne weiteres klar, daß die Brennöfen in einem Werke säurebeständiger Emailfabrikation eine ganz hervorragende Rolle spielen. Sie sind in der Regel auch ein Produkt langjähriger Erfahrungen der Emaillierwerke und werden nicht selten nur nach eigenen Plänen gebaut.

Mit dem Aufbrennen des säurebeständigen Emails ist der letzte Prozeßakt in der Fabrikation erledigt, und wird es gut sein, noch einmal kurz übersichtlich die wichtigsten Vorgänge zusammenzufassen. Danach beruht die Fabrikation säurebeständigen Emails in der Hauptsache auf

1. der Bereitung einer guten, zweckentsprechenden Grundmasse,
2. der Herstellung einer erstklassigen, hochsäurebeständigen Deckmasse, sowie auch in den meisten Fällen einer guten Glasur,
3. dem sachgemäßen Auftrag dieser Emailmassen auf die zu emaillierenden Gußflächen und
4. dem sorgfältigen Aufbrennen und Verschmelzen der Emailaufträge.

Punkt 3 und 4, die überaus wichtige Teile in der Fabrikation der säurebeständig emaillierten Apparate bilden, können und sollen mit dem vorstehend Gesagten nicht ihre Erledigung gefunden haben. Es wird noch Gelegenheit sein, auf dieselben bei der Besprechung der

Apparatefabrikation zurückzukommen, woselbst doch noch eingehender auf alle Fabrikationsvorgänge eingegangen werden muß.

Bei allen wichtigen Aufgaben, die bisher in der Fabrikation säurebeständigen Emails als zu lösen genannt wurden und auch glücklich gelöst werden konnten, wird es aufgefallen sein, daß immer wieder dabei die Erfahrung eine mächtige Rolle spielte. Beruhte nun in der Tat zu Anfang der Zeitepoche, in welcher das säurebeständige Email das Licht der Welt erblickte, alles auf der Empirie, und mußten sich die Emailtechniker in ihren weiteren Bemühungen in der Fortentwicklung dieser Fabrikation noch lange Zeit in alter Weise behelfen und immer wieder allein nur auf der Erfahrung aufbauen, so darf doch nicht unerwähnt bleiben, daß dies sich änderte, sobald man in gewissen Kreisen der Email- und der chemischen Industrie die hohe Bedeutung des säurebeständigen Emails erkannte. Sobald aber diese Erkenntnis eintrat, wandte sich plötzlich auch die Wissenschaft diesem bisher vernachlässigten Gebiete zu, und so kann man denn in neuester Zeit beobachten, daß neben der Erfahrung wissenschaftliche Arbeit und Forschung bestrebt ist, auch in diesem Zweige der Technik Schritt für Schritt Aufklärung und Erfolge zu erringen. Es ist daher auch als eine Selbstverständlichkeit anzusehen, wenn heute ein auf Ruf sehendes Emaillierwerk über ein gut eingerichtetes, wissenschaftliches Laboratorium verfügt, das stetig bemüht ist, auf weitere Verbesserungen und Vervollkommnungen hinzustreben.

So viel Aufklärung nun auch die Emailfabrikation dieser wissenschaftlichen Forschung in manchen ihrer überaus schwierigen Probleme in jüngster Zeit zu verdanken hat, so ist doch bis zur Stunde noch die größte Zahl von Fragen als ungelöst zu betrachten, wozu leider die wichtigsten gehören. Noch können daher die Emailfabrikanten eines großen Teiles der herrschenden Grundsätze und Lehren nicht entbehren, die sie nur allein der Erfahrung zuzuschreiben haben. Nach wie vor wird daher die Erfahrung neben der wissenschaftlichen Forschung ihre alte Machtrolle weiter spielen.

III. Eigenschaften des säurebeständigen Emails.

Warum ist es notwendig, die Eigenschaften des säurebeständigen Emails zu kennen? Die Antwort ist nicht schwer zu geben, denn wenn eine solche Kenntnis von irgendeinem zu verarbeitenden Material der Industrie notwendig ist, so besonders von diesem Email. Bekanntlich hängt von der Wahl eines Apparatematerials in den meisten Fällen das Gelingen eines chemischen Prozesses ab. Um deshalb eine richtige Auswahl solcher Materialien treffen zu können, ist es für den

Chemiker und Ingenieur immer von größtem Wert, daß er genau über die Eigenschaften aller in Betracht zu ziehenden Materialien unterrichtet ist. Wenn daher das säurebeständige Email im Betriebe chemischer Werke eine seiner Bedeutung nach große Rolle spielen soll, welche ihm ja bereits die chemische Großindustrie zuerkannt hat, dann ist eine umfassende Kenntnis über seine Eigenschaften ein dringendes Erfordernis.

Nun sollte man aber meinen, daß mit der Bezeichnung ,,säurebeständiges Email'' so ziemlich gekennzeichnet ist, um welche Eigenschaften es sich bei diesem Material handelt, und daß mit der Säurebeständigkeit die Haupteigenschaft schon hervortritt, somit es sich nur noch des weiteren um mehr oder weniger untergeordnete Eigenschaften handeln kann, die naturgemäß als vorhanden vorausgesetzt werden müssen, um das Email überhaupt in der Fabrikation chemischer Produkte als brauchbar ansehen zu können. Eine eingehende Prüfung aller dem säurebeständigen Email zugeschriebenen Eigenschaften wird zu einer anderen Erkenntnis führen, denn sie deckt eine Reihe von Eigenschaften auf, welche nicht nur von untergeordneter, sondern von ganz hervorragender Bedeutung sind. Um so mehr werden diese Kenntnisse, welche aus der Feststellung aller Eigenschaften des säurebeständigen Emails resultieren, sich als äußerst fruchtbringend erweisen, weil sie so recht dem Chemiker das große Anwendungsgebiet vor Augen führt, und sie werden es noch in erhöhtem Maße sein, wenn zugleich Mittel und Wege gefunden werden, die ihm zeigen, wie er selbst sich in gegebenen Fällen von dem Vorhandensein dieser Eigenschaften vergewissern kann. Es werden daher anschließend an die Besprechung der Eigenschaften einige kleine Winke folgen, in welcher Weise man sich jederzeit von deren Existenz überzeugen kann.

Von allen Eigenschaften, die man dem säurebeständigen Email zuschreibt, ist die erste und wichtigste natürlich der Widerstand gegen chemische Angriffe stärkster Art, die man kurzweg mit **Säurebeständigkeit** bezeichnet. In der Tat muß jedes säurebeständige Email wenn es seinen Namen verdienen soll, gegen jeden Säureangriff aber auch gegen alkalische Angriffe standhalten. Nun steht aber wissenschaftlich unumstößlich fest, daß nichts in der Welt, was aus verschiedenen Elementen der Materie zusammengesetzt ist, dauernd zerstörenden Einflüssen widerstehen kann. Steht nun das säurebeständige Email über diesem Naturgesetz, oder gilt es auch für dieses? Säurebeständiges Email muß allerdings jedem Säureangriff gewachsen sein, allein mit der Zeit wird es auch mehr oder minder unter diesem Angriff leiden. Da wird nun der Mißtrauische sofort sein ,,Aha'' ausrufen und ein etwa vorhandenes Vorurteil als berechtigt anerkannt sehen. Dem ist aber nicht so! Wenn klar und deutlich hier sich einem unumstößlichen Naturgesetz unterworfen wird, wonach ein mehr oder minder starker Angriff unter Einwirkung stärkster Säuren nach gewissen Zeiträumen bei dem säurebeständigen Email zugegeben wird, so ist dies ein Vorgang, der zu ernstlichen Bedenken oder gar zu Mißtrauen keinen Anlaß gibt. In der Regel machen sich nämlich solche Einwirkungen erst nach sehr langen und nur in den äußerst seltensten Fällen in kurzen Zeiträumen bemerkbar. So kann beobachtet werden, daß die meisten der gebräuchlichen Säuren in den verschiedensten Konzentrationsgraden, selbst wenn man sie in intensivster Weise lange Zeit auf das säurebeständige Email einwirken läßt, dasselbe so gut wie gar nicht anzugreifen vermögen, und wenn ein solcher Angriff sich wirklich bemerkbar machen könnte, in der Regel schon ganz andere Ursachen der Zerstörung eingetreten sind, welche einen Ersatz verlangen.

Ist nämlich hier von langen Zeiträumen die Rede, so dürfen Betriebszeiten von Jahren — man kennt solche von mehr als 15 Betriebsjahren — ins Auge gefaßt werden, und emaillierte Apparate, die derart lange im Gebrauch sind, leiden außer durch chemische Angriffe noch viel mehr unter anderen Einwirkungen wie z. B. durch starkes Erhitzen, ebensolches Abkühlen, hohe Drücke, mechanische Abnützungen der verschiedensten Art usw. Diese Beanspruchungen wirken mit der Zeit zerstörend auf jeden Apparat, ob emailliert oder nicht emailliert, und zwingen zur Auswechslung, obwohl die Emaildecke noch durchaus gesund ist.

Ist hier weiter die Rede von kurzen Zeiträumen, so sind darunter meist noch Betriebsperioden von Monaten zu verstehen. Wenn aber derart starke chemische Angriffe wirklich einmal in Betracht kommen, die eine verhältnismäßig so rasche Zerstörung säurebeständigen Emails einzuleiten vermögen, dann kommt in der Rgel ein chemischer Prozeß in Frage, der zu den außerordentlichen Fällen zu rechnen ist. Widersteht dann säurebeständiges Email nur kurze Zeit, dann vermögen nur noch sehr wenige Materialien, die zum Apparatebau Verwendung finden könnten, besseren Widerstand zu leisten. Diese sind aber nur selten oder überhaupt nicht wegen der enormen Anschaffungskosten anwendbar. Schmiedeeisen oder Stahl, Gußeisen oder Stahlguß, selbst deren säurebeständigste Gattierungen, Metalle mit Ausnahme der edelsten wie Silber, Gold und Platin sind in solchen Fällen vollständig unbrauchbar. Aluminium, Holz, Porzellan und Steingut lassen sich nur ausnahmsweise, jedenfalls für komplizierte Apparate oder solche unter Druck arbeitend, gar nicht verwenden, so daß nur Apparate aus Edelmetall oder säurebeständig emaillierte Apparate zum Ziel führen, wovon dann letztere fast immer aus leicht begreiflichen Gründen nur allein wählbar bleiben. Widersteht also in solchen Fällen das säurebeständige Email auch nur einen kurzen Zwischenraum, z. B. also von Monaten, so ist diese Widerstandsfähigkeit oft so bedeutungsvoll, wo jede anderen Mittel versagen, daß man gern sich damit abfindet; ist sie ja dann für den Chemiker genügend, seinen Zweck zu erreichen. Nun muß man aber beachten, daß diese Fälle geringerer Widerstandsfähigkeit außerordentlich selten sind. Man kennt aus der Praxis nur wenige Säuren, die derartig starke Angriffe gegen das säurebeständige Email auszuführen vermögen. Es sind dies die Essigsäure, die Flußsäure und die Ameisensäure. Flußsäure, die bekanntlich jeden Glasfluß aufzulösen vermag, greift auch das Email an. Die beiden anderen Säuren sind nicht in gleichem Maße gefährlich. Es hängt deren Angriff, welcher bisweilen möglich ist, jedenfalls von gewissen, den sich jeweils abspielenden Prozessen eigenen Vorgängen ab; denn durchaus nicht immer kann man einen merklich zerstörenden Einfluß beobachten. Es liegen gerade bei der Verwendung säurebeständig emaillierter Apparate in Fabrikationen, bei welchen die Essigsäure eine hervorragende Rolle spielt, sehr widersprechende Urteile vor. Um deshalb bei diesen wenigen Säuren sicher zu gehen, ist einige Vorsicht am Platze, und empfehlen sich vielleicht vor der Errichtung größerer Anlagen Versuche im kleinen.

Welche gewaltige Widerstandsfähigkeit des säurebeständigen Emails im übrigen in der Praxis vorliegt, geht außer aus dem ungemein großen Verwendungsfeld, welches es seit Jahrzehnten erobert hat und fortwährend erweitert, aus einer Reihe von Mitteilungen über Versuche hervor, die in der chemischen Industrie selbst vorgenommen wurden. So ist unter anderem festgestellt worden, daß bei hundertstündiger Erhitzung konzentrierter Salpetersäure in säurebeständig emaillierter Schale das Email sich als vollständig widerstandsfähig erwies. Dasselbe war bei hundertstündigem Kochen von Schwefelsäure zu sagen, ebenso bei schwach schwefelsauren und schwach amoniakalischen Lösungen. Auch bewährte sich das säurebeständige Email bei gleicher Erhitzung noch gut bei konzentrierter Salzsäure.

Während gewöhnliches Email, d. i. Blech- oder Potterieemail bei derartig starken Säureangriffen sich sofort oder in wenigen Stunden auflöst, ist eine solche Zerstörung also nach 100 Stunden, auch wenn hierzu noch eine permanente Erhitzung auf Kochtemperaturen kommt, ganz unmöglich, ja, man wird in den seltensten Fällen kaum einen merkbaren Angriff an der Emaildecke feststellen können. Man vergleiche dabei auch das Verhalten anderer Materialien, und es wird jedem Fachmann ohne weiteres klar sein, über welche weit überlegene Widerstandsfähigkeit gegen chemische Angriffe das säurebeständige Email verfügt, und daß diesem Email mit vollem Recht der Charakter der Säurebeständigkeit zugesprochen werden muß.

Die zweite wichtige Eigenschaft des säurebeständigen Emails ist seine große **Hitzebeständigkeit**, was schon zum Teil aus den vorstehend bekanntgegebenen Versuchsresultaten hervorgeht. Es ist möglich, säurebeständig emaillierte Kessel oder Schalen Temperaturen bis 450° Celsius auszusetzen, ohne daß darunter das Email leidet. Von dieser außergewöhnlichen Eigenschaft sind viele Interessenten gar nicht unterrichtet. Eine große Zahl derselben ist sogar der Ansicht, daß das Email nur sehr niedrig liegende Temperaturen verträgt, und da es als ein Glasfluß angesehen werden muß, so liegt diese Vermutung ja auch sehr nahe. Berücksichtigt man aber, daß schon die ganze Emailfabrikation ungemein hohe Temperaturen verlangt, denen die nacheinander aufzulegenden Emailschichten ausgesetzt werden müssen, daß nach jedesmaligem Aufschmelzen ein vollständiges Erkalten, nach jedem Erkalten immer wieder Erhitzen bis zur Schmelztemperatur der nächst aufzulegenden Emailmasse folgt und so fort bis zur letzten Schicht, in jedem Falle Temperaturen bis zirka 900° C und mehr, so wird man leicht erkennen, was das säurebeständige Email in bezug auf Erhitzung auszuhalten vermag. Es ist diese gute Eigenschaft jedenfalls in erster Linie auf die vermittelnde Grundemailleschicht zurückzuführen, die nicht als eine spröde, sondern mehr elastische Decke anzusehen ist. Dann begünstigen diese Eigenschaft sicher auch hier wieder die Abstufungen, die in den verschiedenen Emailmasse-Aufträgen liegen, von welchen jede eine andere Schmelztemperatur besitzt.

Die hohe Hitzebeständigkeit, welche also dem säurebeständigen Email eigen ist, erfordert aber, wenn sie richtig ausgenutzt werden soll, eine gewisse Vorsicht, die für jeden technisch Gebildeten als selbstverständlich gelten wird. Man wird keine rapide Erhitzung vornehmen, sondern eine allmähliche; man wird auch starke Wechsel von hohen Hitzegraden auf in der Temperatur tiefliegende Abkühlungen vermeiden. Darüber soll später noch bei Behandlung der säurebeständig emaillierten Apparate die Rede sein.

Eine weitere gute Eigenschaft des säurebeständigen Emails ist die verhältnismäßig **hohe Festigkeit**. Es will diese Eigenschaft auf den ersten Augenblick dem Laien als unmöglich erscheinen. Und doch ist die Emailschmelze, in der Art wie das säurebeständige Email zusammengesetzt und auf Gußeisen aufgebrannt wird, von einer ganz bemerkenswerten Festigkeit. Worin äußert sich dieselbe? In einem großen Widerstand gegen Druck und Zug. Da Email als ein Glasfluß angesprochen werden muß, so liegt die Vermutung nahe, daß stärkere Druckwirkungen zur Zerstörung führen. Noch mehr scheint dies bei Zugwirkungen befürchtet werden zu müssen. Nun zeigt aber die Erfahrung, daß es heute möglich ist, säurebeständig emaillierte Apparate von ganz bedeutenden Rauminhalten herzustellen, die hohen Drücken von 20 und mehr Atmosphären ausgesetzt werden können. Das gilt für Innen- und für Außendrücke. Es ist klar, daß bei solchen Beanspruchungen die emaillierten Deckel- und Kesselwandungen hohen Druck- und Zugspannungen unterliegen. Es ist aber erwiesen, daß solche Apparate in ununterbrochenem Betrieb anstandslos bei richtiger Behandlung jahrelang ihre Dienste verrichten. Das ist nur möglich, weil das säurebeständige Email die Eigenschaft hoher Festigkeit in ganz hervorragender Weise besitzt. Ohne Zweifel ist auch hier wieder die Hauptursache die zwischen Gußeisen und Deckemail vermittelnde Grundmasse.

Wenn das säurebeständige Email auch als widerstandsfähig gegen Schlag zu gelten hat, so ist natürlich damit nicht dieser Art Beanspruchung das Wort gesprochen. Schlagwirkungen auf Email soll man zu vermeiden suchen. Es kann aber in einem Betrieb nicht immer vermieden werden, daß irgendein Schlag das Email trifft. Ist es in diesem Falle kein solcher übermäßiger Art, vor allem kein Schlag mit schweren oder spitzen eisernen Instrumenten, so wird selten darunter das Email Schaden leiden. Klopft man ja doch sogar zur Prüfung auf Güte der Haltbarkeit die Emaildecke mit Holzhämmern ab.

Es ist dann als weitere hervorragende Eigenschaft des säurebeständigen Emails die **totale Giftfreiheit** zu nennen. Diese Giftfreiheit ist in weitestem Sinne aufzufassen, denn nicht nur, daß das Email selbst keine giftigen Stoffe enthalten darf, muß es auch eine Zusammensetzung haben, die bei irgendeiner, wenn auch noch so unmerklichen Zersetzung jede gesundheitsschädliche Wirkung ausschließt. Es sind also bei allen Rezepten des säurebeständigen Emails Zutaten vermieden, die giftig sind oder Giftbilder werden können, was vor allem von Metalloxyden, besonders aber von Bleioxyd gilt. Oft werden Behauptungen laut, die dem säurebeständigen Email Blei-, Antimon- oder Arsenverbindungen zuschreiben. Diese Behauptungen entbehren jeder Begründung, sie sind entweder aus Unkenntnis oder — mild ausgedrückt — aus Fahrlässigkeit in die Welt gesetzt.

Ein wirklich einwandfreies, säurebeständiges Email ist garantiert **giftfrei**, oder, noch besser gesagt, **garantiert gesundheitsunschädlich**. Übrigens schließt ja auch schon die Eigenschaft der Säurebeständigkeit jeden Zusatz aus, der gegen die Eigenschaft der Giftfreiheit verstößt, und das würden die vorgenannten Metallverbindungen unbedingt tun. Welche große Bedeutung in dieser absoluten Sicherheit liegt, ist erst einigermaßen vollwertig zu beurteilen, wenn man die heutige gewaltige Ausdehnung in Betracht zieht, die die Fabrikation pharmazeutischer Produkte und die nicht minder bedeutende Nahrungsmittelindustrie erlangt hat, große Industriezweige, für welche das säurebeständige Email geradezu ein Helfer in der Not geworden ist.

Mit der Giftfreiheit ist gleichzeitig dem säurebeständigen Email eine andere sehr wichtige Eigenschaft in der Vermeidung jeglicher Mißfärbung verliehen. Auch dieser Begriff ist weitgehendster Art. Es ist schon früher Gelegenheit gewesen, auszuführen, daß man von jeder Färbung des säurebeständigen Emails absieht, weil diese nur durch Zusätze wie z. B. Metalloxyde erreicht werden können, die der Säurebeständigkeit, aber auch der Giftfreiheit schaden. Durch diese Notwendigkeit erzielt man gleichzeitig auch hier wieder den Vorteil, daß jedes wirklich säurebeständige Email den Inhalt eines Kessels oder Apparates vor Mißfärbung schützt. Einer weiteren Beweisführung bedarf dieses ja für den Chemiker wohl kaum. Sieht man von Holz und Steinzeug ab, die für Druckapparate aber gar nicht in Betracht kommen können, ebenso von den wenigen Edelmetallen, die wegen des hohen Anschaffungspreises ganz ausgeschlossen bleiben, so gibt es kein Apparatematerial außer dem säurebeständigen Email, das diese für gewisse wichtige Zweige der chemischen Industrie unentbehrliche Eigenschaft, jede Mißfärbung zu vermeiden, besitzt.

Mit der Giftfreiheit und Farbenindifferenz hängt auch zusammen eine für manche Fabrikation geradezu unentbehrliche Eigenschaft, nämlich die der Geschmacklosigkeit. Die Bezeichnung ist vielleicht etwas irreführend, aber schließlich drückt sie, gerade weil sie sehr weitgehend aufgefaßt werden kann, am besten das Gewollte aus. Säurebeständiges Email ist nämlich tatsächlich geschmacklos und gibt auch keinem mit ihm in Berührung kommenden Produkt einen Geschmack ab. Läßt man wieder das Naturgesetz, nach dem mit der Zeit alles der Zerstörung unterliegt, sprechen, so wird das beste Email, wenn auch zeitlich kaum meßbar, der Zersetzung ausgesetzt sein. Da die ganze Zusammensetzung des Emails aber derart ist, daß kein Zusatz vorhanden ist, der einen Geschmack abgeben könnte, so ist in scharfem Gegensatz zu anderen gebräuchlichen Apparatematerialien, die mit wenigen Ausnahmen alle besonders starker Zersetzung unterworfen sind, eine sichere Gewähr für die Erzielung absolut geschmackreiner Produkte geboten.

Wenn bisher Eigenschaften des säurebeständigen Emails genannt wurden, die vielfach als bekannt vorausgesetzt werden durften, so ist jetzt noch eine Eigenschaft zu registrieren, die trotz ihrer Wichtigkeit vielleicht gänzlich übersehen wird, vielleicht vielen auch vollständig unbekannt ist. Es ist dies das Fehlen elektrolytischer Einwirkungen.

Um diese Wirkungen mit ihren schädlichen Folgen für Apparate der chemischen Industrie richtig beurteilen zu können, ist es nötig, sich zu vergegenwärtigen, daß a l l e Apparatematerialien mit Ausnahme von Email, Holz und Steinzeug (Glas und Quarz kann ja nur zu kleinen Laboratoriumsapparaten und auch da nur bei solchen ohne Druckwirkungen verwandt werden), neben der Zerstörung durch direkte chemische Angriffe auch der Zersetzung durch elektrolytische Ströme unterliegen, falls sie nicht aus e i n u n d d e m s e l b e n Metall oder Eisen gebaut werden können. Es ist nachgewiesen worden, daß ein aus verschiedenen Materialien (Eisen, Stahl oder Metall) gebauter Apparat unter Einwirkung einer Salzlösung sofort eine galvanische Kette bildet, bei welcher je nach der Art der Lösung der eine oder andere Materialteil zur Lösungselektrode wird. Die Folge davon ist also, wie man sieht b e i j e d e m c h e m i s c h e n P r o z e ß , bei welchem eine derartige Wirkung auftritt, die Zerstörung des zur Lösungselektrode gewordenen Materialteiles, und zwar ist es dabei, was ganz besondere Beachtung verdient, ganz einerlei, ob das minderwertigste oder kostbarste Material Verwendung fand. Wann ist aber ein Apparat aus nur e i n e m Material herzustellen? Sicher nur in den seltensten Fällen, da notwendige Anschluß-Rohrleitungen und aufgebaute Armaturen meistens schon zu Abweichungen zwingen.

Über diese überaus schädliche Wirkung elektrolytischer Ströme bei den Apparaten der chemischen Industrie schreibt ausführlich in einem besonderen Aufsatz der Zeitschrift des Vereins Deutscher Ingenieure, Jahrgang 1915, Nr. 35, Dipl.-Ing. Dr. Max Schlötter. Leider sucht man auch in dieser sonst sehr lehrreichen Abhandlung vergeblich etwas über das Verhalten säurebeständig emaillierter Apparate zu erfahren. Sie werden, wie in ähnlichen Fällen fast immer, gar nicht erwähnt, und doch sind sie ein besseres Mittel der Abwehr als die dort angegebenen. Dr. Schlötter macht auf die Gefährlichkeit der elektrolytischen Zerstörungsarbeiten aufmerksam und führt mehrere Fälle als Beispiele an, wo trotz aller Vorsicht rasche Vernichtung der Apparate nur durch die Einwirkung galvanischer Ströme erfolgte. Er weist nach, daß dabei ebensowenig Legierungen wie reines Kupfer oder Silber helfen. Er sieht nur in der Verwendung einheitlichen Materials oder in der einheitlichen Plattierung eine Rettung vor dieser Gefahr, die in so vielen Fällen die Ursache fortwährender Vernichtung kostbarer Betriebswerte sei, und wobei man dieselbe oft nicht einmal ahne, ja deren Vorhandensein im Apparatebetrieb überhaupt nicht kenne.

Es wird nicht oft möglich sein, einheitliches Material an einem Apparat, besonders wenn er komplizierterer Art ist, zu verwenden, ebenso ist aber auch der Plattierung wenig Vertrauen entgegenzubringen. Das eine wie das andere ist doch nur ein Notbehelf zu nennen. Da ist es nun das säurebeständige Email, welches als ein Apparatematerial zu bezeichnen ist, wie es auch für diesen Fall nicht idealer gefunden werden kann. Bedauerlich ist ja nur, wie wenig man dies selbst unter Fachleuten weiß oder — es soll auch hier wieder ein milder Ausdruck gebraucht werden — nicht beachtet. Und doch gibt es kein einfacheres Mittel, um auch dieser elektrolytischen Zerstörungsarbeit in der chemischen Industrie zu begegnen, als die Verwendung säurebeständig emaillierter Apparate. Da Email ein Glasfluß ist, verhindert es die Bildung galvanischer Ströme. Es schadet also bei einem solchen Apparat nichts, wenn auch Metallarmaturen, selbstverständlich diese nur aus einheitlichem Material, zur Verwendung kommen. Die verzweifelten Mittel, die also von seiten gewisser Fachleute und Apparatebauanstalten vorgeschlagen und angewandt werden, um der großen, nicht genug bisher in der chemischen Industrie beachteten Gefahren der Apparatezerstörung durch elektrolytische Einwirkungen zu begegnen, sind — sieht man von dem einen derselben, die Anwendung einheitlicher Materialien, ab — alle nur als geringwertig, ja oft als undurchführbar zu bezeichnen gegenüber dem besten und bewährtesten, d. i. die Verwendung säurebeständigen Emails.

Als eine weitere sehr notwendige Eigenschaft eines guten säurebeständigen Emails ist noch die absolute Dichtheit zu nennen. Ohne diese würden die meisten anderen Eigenschaften jeden Wert verlieren. Eine Emaildecke, welche nicht durchweg dicht ist, würde z. B. Tür und Tor dem chemischen Angriff auf das Eisen, welches sie ja schützen soll, öffnen. Sie würde auch der elektrolytischen Zersetzungsarbeit, sobald einmal Eisenstellen der chemischen Einwirkung ausgesetzt sind, ebensowenig Widerstand zu leisten vermögen wie ein anderer nicht emaillierter Apparat.

Man wird vielleicht einwenden, daß man einen Glasfluß doch immer als dicht anzusehen habe und ein darin als fehlerhaft zu bezeichnendes Email wohl kaum zur Ablieferung kommen kann. Das ist nur teilweise richtig. Allerdings wird jeder Emailfabrikant ängstlich vermeiden, irgendein emailliertes Stück abzuliefern, das nicht durchaus einwandfrei und tadellos ist. Diese Feststellung erfordert aber gerade in bezug auf Dichtheit ein kundiges Auge und sorgfältige Prüfung. Der Laie darf nicht denken, daß eine undichte Emaildecke etwa sehr grobe, äußerlich leicht erkennbare Merkmale trägt, wie z. B. sichtbare Blasenbildungen, grobe Poren und vielleicht gar Sprünge. Solches Email wird überhaupt kein Werk als Fertigware ansehen, noch viel weniger zum Versand bringen. Bei dem Begriff der Undichtheit handelt es sich um ganz unscheinbare, oft kaum mit dem Auge merkbare Fehler und zwar nur um zwei: Der eine derselben ist der Haarriß, der andere die mit dem Auge nur als feines Pünktchen sichtbare Pore. Bei Beurteilung dieser Fehler ist oft ein scharfes Kennerauge nötig, damit solche meist nur der Oberfläche angehörenden Erscheinungen nicht überschätzt werden. Es gibt nämlich Haarrisse und Pörchen, die nur der obersten Glasurschichte angehören und dann durchaus unschädlich sind. Die Emaildecke ist deshalb nicht weniger widerstandsfähig, denn die Glasur ist nur ein der Schönheit und der Reinlichkeit dienender Überzug. Es gibt aber auch Haarrisse und Pörchen, die tiefer und zwar bis auf das Eisen reichen, dann ist die Gefahr des Angriffes gegeben und das Email als undicht und fehlerhaft zu bezeichnen. Man kann dies jedoch stets gut durch scharfe Luppen feststellen und ein renomiertes Emaillierwerk prüft auch darauf gewissenhaft jedes emaillierte Stück, bevor es ein solches als einwandfrei und versandfähig passieren läßt.

Endlich ist noch als eine sehr bemerkenswerte Eigenschaft des säurebeständigen Emails die R e i n l i c h k e i t hervorzuheben, mit welcher die Durchführung gewisser chemischer Prozesse und damit auch die Gewinnung gewisser Endprodukte in gewünschter, gleichmäßiger Güte möglich wird. Die Emaildecke als Glasfluß in ihrem hellen Aussehen läßt sich mühlos durch Ausspülen und Auswaschen reinigen. Sie läßt leicht erkennen ob der Apparateraum noch Unreinigkeiten irgendwelcher Art, besonders nach Beendigung eines Prozesses und Entleerung des Inhaltes, enthält, so daß diese ebenso leicht entfernt werden können. Die glatte Oberfläche des säurebeständigen Emails, die diese Glätte noch in besonders starkem Maße besitzt, wenn sie mit Glasur versehen ist, begünstigt diese Reinigung außerordentlich.

Welche Vorteile diese Möglichkeit größter Reinhaltung bei säurebeständig emaillierten Apparaten gewährt, leuchtet ein, wenn man dagegen den Betrieb mit anderen Apparaten aus Gußeisen, Stahlguß, Blech und anderen Metallen mit ihren rauhen Oberflächen, ihren Schweißnähten oder sonstigen Unebenheiten vergleicht.

Es wäre nun noch die Frage zu beantworten, die vor allem manche das saurebeständige Email zum erstenmal Probierende stellen zu müssen glauben: Wie muß denn eine wirklich erstklassische, säurebeständige Email aussehen?

Die Frage ist zunächst dahin zu beantworten, daß es eine einheitliche für jedes Emailfabrikat zutreffende Schilderung nicht gibt. In der Farbe kann, wie schon früher ausgeführt wurde, das säurebeständige Email ebensogut hellgrau oder gelblich aussehen wie blendend weiß. Die Farbe hängt ab von der Zusammensetzung, und es kann hier nur noch einmal hervorgehoben werden, daß oft ein weniger schön weiß aussehendes Email säurewiderstandsfähiger ist als eine in die Augen stechende schneeweiße Emaildecke. Die Ursache ist aus den Mitteilungen über den Fabrikationsgang bekannt. Die äußere Beschaffenheit des Emails ist auch nicht immer gleichartig. Es gibt Emailarten, welche die Emaildecke als eine spiegelglatte Fläche erscheinen lassen, andere wieder leicht wellig, wie rauh erscheinend. Die glatte Oberfläche entspricht naturgemäß am meisten, sie ist aber nicht immer ein Merkmal einer besonderen Qualität. Auch ein rauheres Email kann Anspruch auf beste Qualität machen. Da sie niemals derart ist, daß sie die Reinlichkeit des Betriebes ungünstig beeinflußt, so kann sie vom Abnehmer nicht als minderwertig angesehen und beanstandet werden. Es gibt tatsächlich chemische Werke, welche das rauhere Email vorziehen. Dazu liegt allerdings kein Grund vor, es zeigt aber diese Vorliebe nur, daß man es bei ihm ebenso mit einem guten säurebeständigen Email zu tun haben kann wie mit dem glatten.

Im allgemeinen hat man nur bei Beurteilung einer säurebeständigen Emaildecke darauf zu achten, daß sie sich bei möglichst gleichmäßigem Auftrag äußerlich blasenfrei, ohne schädliche Risse und Poren zeigt. Hier sind vor allem auch eventuelle feinste Haarrisse und kleinste Pörchen auf ihre Beschaffenheit scharf ins Auge zu fassen. Ferner ist darauf zu achten, daß das Email ungefärbt ist. Andere sichtbare Merkmale, wenn man nicht noch die besondere Stärke des Emailüberzuges, der in der Regel nicht unter $1\frac{1}{2}$, dagegen meist 2 und auch mehr Millimeter beträgt, hervorheben will, können nicht genannt werden.

Bei sorgfältiger Beachtung der sämtlichen hier aufgezählten und näher beschriebenen Eigenschaften des säurebeständigen Emails wird es bei Bedarf eines Apparates nicht mehr schwer fallen, zu entscheiden, wann und wo man dasselbe anzuwenden hat. Nun kann es aber doch vorkommen, daß hin und wieder Zweifel aufkommen. Da wird z. B. der Neuling, welcher sich noch niemals des säurebeständigen Emails bedient hat, gerne einmal auf möglichst billige Weise die Eigenschaften desselben prüfen wollen; dort möchte ein Chemiker bezüglich Verhaltens des Emails während eines besonderen chemischen Prozesses sich überzeugen, und in einem anderen Falle will man ein bestimmtes Emailfabrikat wählen, das man aber noch wenig oder gar nicht kennt. In solchen Fällen, wo man also gezwungen ist, sich selbst über das Vorhandensein gewisser Eigenschaften des säurebeständigen Emails zu orientieren, empfiehlt sich der Versuch.

Der Weg des Versuches wird stets belehrend sein, meist wird er sogar in bezug auf Feststellung gewisser Materialeigenschaften die gewünschte Aufklärung bringen. Aber um ihn richtig beschreiben zu können, ist immer ein gewisses Wissen Voraussetzung. Daher ist es geboten, das säurebeständige Email in seinen Eigenschaften v o r der Vornahme von Versuchen zu kennen. Verfügt der Chemiker und Ingenieur über diese Kenntnisse, so weiß er, wann das säurebeständige Email anzuwenden ist, und wo es angewandt werden soll. Der Versuch ist für ihn dann nur das Mittel, sich Gewißheit zu holen über Eigenschaften, die er seinem Wissen gemäß voraussetzt, und wodurch er in der Lage ist, diesen Versuch gleich richtig einstellen zu können. Vermutungen und unsicheres Tasten sind dadurch ausgeschlossen.

Der Versuch wird also gewählt werden müssen, sowohl vom Kundigen wie vom Unkundigen.

Es ist jedoch in diesen Versuchen ein großer Unterschied. Der Kundige wird zum Versuch greifen, wenn er einem chemischen Prozeß gegenübersteht, dessen Wirkungen ihm nicht klar sind, oder wenn er für irgendeinen Zweck ein bestimmtes Emailfabrikat, das er in seinen Eigenschaften noch nicht kennt, prüfen will. Der Unkundige jedoch wird mehr von seinem Versuch erwarten. Er sucht vor allem Aufklärungen, die ihm entweder von der Richtigkeit gehörter Ansichten überzeugen oder ihm überhaupt über die Verwendungsfähigkeit des säurebeständigen Emails ein für allemal Gewißheit bringen sollen. Der Versuch ist im ersteren Fall nur eine Orientierung aus irgendeinem besonderen Grund, im letzteren Falle kann er alles bedeuten, nicht allein Orientierung, sondern auch endgültige Entscheidung in der Benutzung des säurebeständigen Emails. Während also der Kundige nach unbefriedigtem Versuch von der Verwendung eines nicht entsprechenden Emailfabrikates absehen und zu einem bisher verwandten zurückkehren wird, vielleicht auch für einen besonderen Fall einmal ganz von der Benutzung zurücktritt, wird der Unkundige enttäuscht über den Mißerfolg leicht den Stab über das säurebeständige Email brechen und mißtrauisch ihm für immer den Rücken kehren.

Was ist daraus zu folgern? Jedenfalls eine große Vorsicht bei allen Versuchen und bei der Auswahl des Emailfabrikates. Da solche Auswahl vom Neuling meistens nach Erkundigungen vorgenommen wird, so vergesse man dabei nicht, daß auch hierbei Vorsicht am Platze ist, da nur erfahrene Chemiker sachgemäße Auskunft zu geben vermögen, ruht ja die Fabrikation des säurebeständigen Emails in den Händen von nur sehr wenigen Werken. Diese Emaillierwerke kennt nur der Kundige aus den vielen Werken, welche die gleiche Bezeichnung führen, heraus. Das Einholen von Erkundigungen wird daher nur dann zum Ziele führen, wenn die Auskunft von einer Seite erteilt wird, die selbst über möglichst reiche Erfahrung verfügt. Einmalige Versuche oder auch wiederholt vorgenommene Versuche, die auf falscher Grundlage durchgeführt werden, können keinen Anspruch erheben diesen Schatz von Erfahrungen zu bilden, den man in solchen Fällen voraussetzt. Kommen dann solche Auskünfte aus dem Munde von derartig Enttäuschten, die selbst ohne richtigen Wegweiser suchten und, auf falsche Bahnen geleitet, das Verkehrte wählten, so kann das die Ursache werden, daß der Suchende sich vollständig von dem Email abwendet, ohne es jemals kennen gelernt zu haben. Er verfällt einem Irrtum, nur weil die erholte Auskunft von einem Irrenden kommt. Und wie leicht sind diese Irrungen möglich; werden sie bisweilen doch von Emaillierwerken selbst hervorgerufen! Es sind dies selbstverständlich nicht diejenigen Werke, welche die Fabrikation des säurebeständigen Emails als ihre Spezialität betreiben, sondern solche, die tatsächlich nur die Fabrikation des gewöhnlichen, d. i. Blech- oder Potterieemails beherrschen, aber bei Gelegenheiten wie z. B. bei Anfragen chemischer Werke, der Versuchung unterliegen, Lieferungen säurebeständig emaillierter Schalen oder Kessel u. dgl. ebenfalls zu übernehmen. Sicher erfolgen dann solche Lieferungen ohne unlautere Absichten, meistens wohl aus Unwissenheit. Führen sie nun in manchen Fällen zu keinem Anstand, z. B. wenn die Anforderungen in bezug auf Säurewiderstandsfähigkeit gering und der größte Wert auf die Reinlichkeit gelegt wird, dann ist es nicht ausgeschlossen, daß solche emaillierte Stücke mehr oder minder lange halten und befriedigen. Ein solches Resultat mag dann nicht allein die chemische Fabrik als die Verbraucherin veranlassen zu weiteren Bestellungen, sondern auch das Emaillierwerk als die Lieferantin zu weiteren Lieferungen. Derartige günstige Zufall- oder besser gesagt Scheinresultate sind aber nur Ausnahmen, leider ist das Gegenteil die Regel. Wenn dann das Email nicht entspricht, dann kann der Enttäuschte, besonders wenn die Lieferung entscheidend für wichtige Entschlüsse war, der verhängnisvollen Irrung verfallen, von der vorstehend gesprochen wurde. Daher Vorsicht und immer wieder Vorsicht bei Bedarf und Auswahl des säurebeständigen Emails, aber auch bei Einholung von Auskünften, die stets nur da eingeholt werden dürfen, wo reiche Erfahrungen im eigenen Betriebe vorliegen. Macht sich der Neuling dieses Vorgehen zu eigen, dann wird er beim Betreten des Verbrauchsweges den verhängnisvollen Irrungen entgehen und zum gewünschten Ziele gelangen können, denn die beste Orientierung, die restlose Überzeugung liegt zweifelsohne im eigenen Versuch.

Diese Versuche macht man zweckmäßig, indem man von den Werken kleine Laboratoriumsschalen bezieht, die denjenigen Angriffen und Beanspruchungen, wozu auch Erhitzen und Abkühlen gehören können, ausgesetzt werden, welche der zu beziehende Kessel oder Apparat im Betrieb auszuhalten hat. Solche Laboratoriumsschalen sind halbrunde einfache Schälchen im Durchmesser von etwa 100 bis 300 mm, wie sie Abb. 1 zeigt, oder auch kleine Kesselchen nach Abb. 2 mit Schnauze und zwei Ohren, welche zum besseren Handhaben und Auflegen sehr zweckdienlich sind. Auch kleine Wannen nach Abb. 3 oder Abb. 4 werden verwandt. Sie sind meistens bei den Emaillierwerken vorrätig und daher rasch erhältlich.

Derartige Versuche, welche nicht kostspielig sind, geben gute Aufklärungen. Können diese kleineren und naturgemäß sehr einfachen Versuche nicht genügend aufklären, dann bleibt nichts anderes übrig, als

Abb. 1. Säurebeständig über den Rand emaillierte Laboratoriumsschale.

Abb. 2. Säurebeständig emaillierte Laboratoriumsschale mit Ausgußschnauze und zwei Ohren.

zu einem kleinen Versuchsapparat überzugehen, wobei die Wahl des Lieferanten dann schon eine sehr gewichtige Rolle spielen kann. Das muß dazu führen, falls Auskünfte von chemischen Werken, die größere Erfahrungen an vorhandenen emaillierten Apparaten in eigenen Be-

Abb. 3. Säurebeständig emaillierte Laboratoriumswanne mit zwei Handgriffen.

Abb. 4. Säurebeständig emaillierte Laboratoriumswanne mit Auslauf und zwei Handgriffen.

trieben zu sammeln Gelegenheit hatten, eingeholt werden können, sich nur desjenigen Emaillierwerkes zu bedienen, das als das zuverlässigste von dieser Seite bezeichnet wird. Fehlt solche Auskunftsstelle, so muß der Versuch mit mehreren Versuchsapparaten durchgeführt werden, welche von verschiedenen Emaillierwerken zu beziehen sind, die man als leistungsfähig glaubt annehmen zu dürfen. Man wird auf einem dieser Wege bald die notwendige Aufklärung gefunden haben. Einmal aber auf dem Wege des Verbrauches werden die eigenen Beobachtungen in verhältnismäßig kurzer Zeit weiter auf die Straße der Erkenntnis führen und zur Schatzkammer eigener Erfahrungen werden.

IV. Allgemeines über säurebeständige Apparate.

Die meisten der Apparate, welche die chemische Industrie benötigt, müssen mehr oder minder fähig sein, chemischen Einwirkungen zu widerstehen oder, wie man allgemein sich kurz ausdrückt, sie müssen **säurebeständig** sein. Es gibt Betriebe, die ohne wirklich säurebeständige Apparate heute überhaupt nicht mehr bestehen können. Wie bedeutungsvoll daher die Kenntnis über den gesamten Apparatebau ist, vor allem über die dabei zur Verwendung kommenden Materialien, deren sich die chemische Industrie dabei bedient, bedarf kaum besonderer Beweisführung. Ist diese Kenntnis aber immer vorhanden? Man ist geneigt, diese Frage ohne weiteres zu bejahen, muß man doch bei jedem Chemiker und Ingenieur eine umfassende Materialkenntnis voraussetzen, die ihn befähigt, eine richtige Wahl bei Beschaffung neuer Betriebsmittel zu treffen. Auch steht ja der verbrauchenden Industrie zu ihrer Information eine reiche Fundgrube von Aufklärungen in der technischen Literatur zur Verfügung. Das trifft sicher zu, aber doch nicht derart, daß Irrungen in besonders wichtigen Fragen des Apparatebaues immer vermieden bleiben. Man wird auf den ersten Augenblick darin einen Widerspruch entdecken wollen, und doch ist es richtig, daß diese allgemeine Materialkenntnis nicht in allen Fällen dazu befähigt, bei Neuanschaffungen von dem Betreten falscher Wege abzuhalten und unter den vielen der chemischen Industrie zur Verfügung stehenden Apparaten jedesmal die zweckmäßigste Auswahl mit Sicherheit treffen zu können. Wer darüber sich einmal Klarheit verschafft hat, wird dieser Anschauung sich anschließen müssen.

Von der zweckmäßigen Wahl der Apparatematerialien oder kurz gesagt der Apparate hängt im chemischen Betrieb die Lebensdauer derselben ab; damit stehen dann wieder im innigsten Zusammenhange die Höhe der Betriebskosten und letzten Endes die Rentabilität ganzer Anlagen. Die richtige Auswahl der Apparate kann aber nur derjenige treffen, der die **für die chemische Industrie erforderlichen Eigenschaften** aller gebräuchlichen Apparate genau kennt und voneinander zu unterscheiden vermag. Diese **Spezialkenntnisse allein befähigen zur Erfüllung der dem Chemiker und Ingenieur gestellten Aufgaben** bei der Beschaffung neuer Apparate zwecks Herstellung neuer Produkte. Wer in solchen Fällen nicht über einen reichen Schatz von Erfahrungen verfügt, der wird nicht in der Lage sein, auf Grund allgemeiner Materialkenntnisse scharf das Gute vom Schlechten, das Vorteilhafte vom Unvorteilhaften zu trennen. Zweifelsohne gibt es viele derartige erfahrene Chemiker und Ingenieure in der chemischen Industrie, es gibt aber ebenso sicher auch solche, welchen diese Erfahrungen noch mangeln. Nun findet aber auch diese Aufklärung der Suchende in keiner Literatur, sie gibt wohl Auskünfte, wie sie ja die Technologie in so reichem Maße zu geben vermag, aber nicht in der Weise und in dem Umfange, wie sie der Chemiker für seine Spezialzwecke benötigt. Wo immer aber diese Literatur sich mit der einen oder anderen für die chemische Industrie so bedeutungsvollen Frage beschäftigt, ist sie niemals erschöpfend, dabei stets einseitig. Man erkennt dies ja am deutlichsten schon daraus, daß in allen Abhandlungen über chemischen Apparatebau von allen möglichen und unmöglichen Materialien die Rede ist, nur **nicht von dem säurebeständigen Email**.

Dieses Schweigen über eines der wichtigsten Apparatematerialien, über ein Material, welches schon seit über vier Jahrzehnten der chemischen Industrie zur Verfügung steht und in der chemischen Großindustrie in großem Maße Verwendung findet, ist auffallend. Es kann unmöglich immer als ein Zeichen von Unkenntnis ausgelegt werden, hier sprechen oft andere Motive mit. Es ist sicher, und diese Behauptung wird schwer zu bestreiten sein, daß dieses absichtliche oder unabsichtliche Schweigen, welcher Ursache es auch entspringen mag, zu einem großen Schaden für gewisse Industriezweige werden muß, da es zu Irrungen führen und zu empfindlichen Lücken neuer, ohne das säurebeständige Email schwer oder gar nicht zu lösender Probleme werden kann. Es wird also geradezu zur Pflicht, weitestgehende Aufklärung der verbrauchenden Industrie zu geben, wobei die bisherige Zurückhaltung der in Frage kommenden Emaillierwerke aufgegeben werden muß. Diese weitestgehene Aufklärung ist aber nur möglich, wenn der säurebeständig emaillierte Apparat im Vergleich mit den anderen in der chemischen Industrie gebräuchlichen säurebeständigen Apparaten gestellt wird und sämtliche Apparate bezüglich ihrer Eigenschaften auf Bewertung ihrer industriellen Anwendung geprüft werden. Also keine einseitige Aufklärung, sondern eine allseitige, die ein Gegenüberstellen der verschiedenen Apparate in gegebenen Fällen dem suchenden Chemiker und Ingenieur ermöglicht und ihm bei klugem Abwägen aller vorhandenen Vor- und Nachteile nach getroffener Wahl den größten Nutzen gewährleistet.

Zu diesem Behufe wird es notwendig sein, zunächst festzustellen, welcher säurebeständigen Apparate — wobei vorerst von den säurebeständig emaillierten abgesehen werden soll — sich die chemische Industrie überhaupt bedient. Hierbei wird man nicht umgehen können, die Frage vorher zu beantworten, was diese Industrie denn überhaupt von einem säurebeständigen Apparat verlangen muß. Mit der Feststellung der säurebeständigen Apparate wird sich gleich-

Allgemeines über säurebeständige Apparate. 31

zeitig lohnen, zu untersuchen, inwieweit sie die Merkmale eines säurebeständigen Apparates besitzen. Daran anschließend soll dann der säurebeständig emaillierte Apparat der gleichen Untersuchung unterworfen werden, so daß dann in einer klaren, übersichtlichen Weise festgestellt werden kann, welcher Apparat die meisten Kennzeichen des säurebeständigen besitzt und somit der chemischen Industrie die größten Vorteile zu bieten vermag.

Als erstes also die Frage: Welche charakteristischen Merkmale muß ein säurebeständiger Apparat, um ihn **für die gesamte chemische Industrie** als verwendbar bezeichnen zu können, haben?

In Kürze gesagt folgende:
1. möglichst hohe Widerstandsfähigkeit gegen Säure- und alkalische Angriffe,
2. hohe Hitzebeständigkeit,
3. große Festigkeit gegen Druck- und Zugbeanspruchungen,
4. leichte Bearbeitungsmöglichkeit,
5. Gift- und Geschmackfreiheit,
6. Ausschluß von Mißfärbung der Fabrikationsprodukte,
7. elektrolytische Indifferenz.

Weitere Eigenschaften von etwas untergeordneter Bedeutung erwartet man dann noch in der
8. Möglichkeit großer Reinheit des Betriebes und
9. Vielgestaltigkeit der Apparate.

Im weiteren sollen nun in möglichster Kürze die gebräuchlichen Apparate der Reihe nach aufgeführt werden unter gleichzeitiger Feststellung, inwieweit sie den aufgezählten, charakteristischen Kennzeichen eines säurebeständigen Apparates entsprechen.

Zu den ältesten Apparaten, die die chemische Industrie in ihren Betrieben gebraucht, gehört **der hölzerne Apparat**. Er ist nach der Wahl der Holzart bis zu einem gewissen Grade gegen chemische Angriffe widerstandsfähig, jedoch in vielen Fällen auch sehr rasch zerstört; dabei ist nicht immer die Verwendung von Eisen- oder Metallteilen auszuschließen, so daß auch dadurch die Widerstandsfähigkeit gegen Säureangriffe beeinträchtigt wird. Ein hölzerner Apparat läßt nur die Erwärmung seines Inhaltes durch direkte Dampfeinströmung oder durch Dampfschlange zu, ein Anfeuern ist natürlich ausgeschlossen. Die leichte Bearbeitungsmöglichkeit des Holzes ist bekannt. Holz ist dagegen nicht als geschmackfrei zu bezeichnen, wenn es längere Zeit im Gebrauch ist. Ebenso kann es keinen reinen Betrieb sichern, was schon durch die unvermeidlichen Fugen erklärlich ist. Andererseits ist der Holzapparat als giftfrei anzusehen. Druckbeanspruchungen müssen vermieden werden. Vielgestaltigkeit ist unmöglich. Man sieht, die Verwendungsmöglichkeit des hölzernen Apparates ist eng begrenzt, und deshalb ist er auch nur noch in wenigen Betrieben der chemischen Industrie anzutreffen.

Zu den sehr häufig verwendeten Apparaten, die auch zu den ältesten gehören, sind diejenigen **aus Eisen- und Stahlblech** zu zählen. Sie sind in bezug auf Festigkeit, also bei Beanspruchung auf Druck und Zug, verläßlich, können jedoch wegen ihrer verhältnismäßig leichten Löslichkeit in Säuren nur selten genügen. Mit dieser geringen Widerstandsfähigkeit gegen Säureangriffe ist schneller Verbrauch dieser Apparate und starke Verunreinigung der Fabrikationsprodukte durch die gelösten Eisensalze, abgesehen von anderen Nachteilen, wie z. B. Geschmackverleihung (sogenannter „Eisengeschmack"), verbunden. Eine Reinigung dieser Apparate ist meist auch sehr erschwert, da diese durch angenietete Teile und Nietnähte, welche letzteren heute allerdings durch die etwas weniger unangenehm zu empfindenden Schweißfugen ersetzt werden können, verhindert wird. Bei der Fabrikation von Nahrungsmitteln sind natürlich diese Nachteile doppelt störend, oft geradezu unmöglich. Die Formgebung ist beschränkt; in der leichten Bearbeitung mit entsprechenden Werkzeugen und Werkzeugmaschinen ist keine Schwierigkeit zu erblicken. Giftbildungen sind nicht zu befürchten.

Was hier von den schmiedeeisernen und stählernen Apparaten gesagt ist, gilt in nahezu gleicher Weise von einem ebenfalls viel angewandten Apparat, nämlich **dem gußeisernen**. Dieser hat aber den großen Vorzug leichter Formgebung, weshalb man nach Mitteln suchte, seine Widerstandsfähigkeit gegen chemische Angriffe zu erhöhen, und hat ein sogenanntes **säurefestes Gußeisen** herzustellen versucht. Meistens verdienen viele dieser Gußeisensorten diesen Namen nicht. In Wirklichkeit sind sie nichts anderes als ein in der Struktur besonders dichtes Eisen. Eine wirkliche Säurebeständigkeit, das ist eine Widerstandsfähigkeit gegen die gebräuchlichen Säuren, besitzen solche Kessel und Apparate, aus diesem Gußeisen angefertigt, nur im geringen Maße.

Man hat dann auch ein **hochsiliziertes Gußeisen** hergestellt und damit allerdings eine Zunahme der Widerstandsfähigkeit gegen gewisse chemische Angriffe erzielt, aber gleichzeitig auch eine starke Abnahme der Festigkeit. Diese wächst mit der Zunahme des Siliziumgehaltes, und kann durch denselben die Festigkeit so sehr beeinträchtigt werden, daß ein aus diesem Eisen gefertigter Apparat kaum einen kräftigen Hammerschlag aushält ohne zu zerspringen. Der höhere Siliziumgehalt verleiht aber diesen gußeisernen Apparaten noch eine andere unangenehme Eigenschaft. Sie zeigen eine derartige Härte im Material, daß sie sich kaum oder gar nicht bearbeiten lassen.

Dieser Härtegrad nimmt auch hier mit dem wachsenden Siliziumgehalt zu. Eine weitere Folge ist deshalb, daß man auf einfache Formgebung, meist einfache Kessel und Schalen beschränkt bleiben muß und von der Herstellung komplizierterer Apparate, die Bearbeitung erfordern, abzusehen gezwungen ist.

Man hat in neuerer Zeit auch Stahlgußapparate angewandt. Es verhält sich aber mit diesen ganz ähnlich wie bei den gußeisernen. Auch Apparate aus gewissen Stahlgußsorten, die heute als besonders säurebeständig angepriesen werden, können ebensowenig wie diejenigen aus säurebeständigen oder hochsilizierten Gußeisen die vielen Mängel beseitigen, die allen Eisen- und Stahlapparaten, ob im geschmiedeten bzw. gewalzten oder gegossenen Zustande verwendet, anhaften. Hervorzuheben wäre nur die hohe Festigkeit, welche den Stahlgußapparat auszeichnet und ihm in gewissen Fällen, z. B. bei Autoklaven mit sehr hohen Betriebsdrücken, den Vorzug gegenüber dem gußeisernen zu geben vermag. Der Apparat kann dann im Gewicht leichter ausgeführt werden.

Es wären dann noch die Apparate zu nennen, bei welchen man das Blei und seine Legierungen zur Verwendung bringt. In gewissen Fällen bedient man sich dieser Materialien zu Verkleidungen hölzerner oder eiserner Behälter und Apparate, seltener stellt man aus ihnen massive Gegenstände her. Die Widerstandsfähigkeit gegen chemische Angriffe ist verschieden, auf alle Fälle aber eine beschränkte, ganz abgesehen davon, daß Blei in gewissen Fabrikationszweigen, wie z. B. bei Herstellung pharmazeutischer Produkte oder von Nahrungsmitteln, überhaupt nicht verwandt werden darf. Hier würde das als Metallsalz in Lösung gegangene Metall die Fabrikationsprodukte derart verunreinigen, daß es gesundheitsschädlich wirkt. In der Formgebung ist man sehr beschränkt, dagegen bieten Bleirohre gute Verwendungsmöglichkeiten bei Rohrleitungen und Rohrschlangen. Hohe Festigkeit ist da vorhanden, wo es sich um bleiverkleidete Apparate handelt, sonst nicht. Die Reinlichkeit ist gering, sie wird verhindert durch Stoßfugen und Lötstellen.

Von Hartblei-Apparaten gilt so ziemlich dasselbe.

In manchen Industriezweigen sind sehr gebräuchlich die kupfernen Apparate. Diese sind, sobald auch hier unter bekannten Reaktionen das Metall in Lösung als Metallsalz übergeht, der raschen Zerstörung unterworfen. Man hat beobachtet, daß Kupfergefäße innerhalb weniger Jahre um mehrere Millimeter in den Wandstärken abgenommen haben. Kaum glaublich ist es, daß z. B. trotz unserer Kenntnis der Säurebildung bei der alkoholischen Gärung, die sogar Essigsäure hervorruft, die Brennereien heute immer noch den kupfernen Destillierapparat bevorzugen. Mit einer innerhalb

Allgemeines über säurebeständige Apparate.

kleiner Grenzen sich haltenden Festigkeit kann gerechnet werden. Dagegen kann hier von einer Giftfreiheit nicht gesprochen werden, im Gegenteil, es besteht Giftgefahr! Daß bei solchen Reaktionswirkungen auch der Geschmack gewisser Produkte oft leidet, ist selten zu vermeiden. Mißfärbungen sind bei Metallsalzbildungen ebenfalls nicht immer zu umgehen, wenn sie auch oft wenig merkbar auftreten. Eine Vielgestaltigkeit der kupfernen Gefäße ist nur bis zu einem gewissen Grad vorhanden. Da kompliziertere Apparate niemals ausschließlich von Kupfer hergestellt werden können und, soweit sie aus Kupfer zu machen sind, Lötarbeiten und Verschraubungen erfordern, so ist ohne weiteres klar, daß unter diesen Bedingungen die Formgebung eng begrenzt bleiben muß. Der leichten Bearbeitung steht nichts im Wege.

Kupferne Apparate machen äußerlich oft den Eindruck besonders großer Reinlichkeit, das ist aber doch nicht so, wie es scheint. Solche Apparate benötigen für ihre Anschlüsse und Verschraubungen mancher Teile, die an den Anschlußstellen mitunter eine gründliche Reinigung gar nicht zulassen. An diesen Stellen ist dann leicht die Gefahr vorhanden, daß sich Rückstände ansetzen, die nicht gut zu entfernen sind und dann nicht selten auf einen neuen chemischen Prozeß ungünstig einwirken können.

Weniger häufig wie den kupfernen Apparat findet man die verzinkten und verzinnten Eisenapparate in Verwendung. Von ihnen gilt in gleicher Weise in bezug auf die schädlichen Eigenschaften, was über die Kupferapparate gesagt wurde, besonders was den verzinkten Apparat anbetrifft, jedoch alles in erhöhtem Maße. Die Gefährlichkeit der Zinksalze für den menschlichen Organismus ist bekannt, obwohl sie unterschätzt wird, da sie sich nicht immer unmittelbar wahrnehmen läßt.

Es ist dann noch ein weiterer Metallapparat zu nennen, der bei seinem Aufkommen eine große Anwendung versprach, es ist der Aluminiumapparat. Seine geringe Festigkeit, aber auch seine verhältnismäßig geringe Säurewiderstandsfähigkeit haben ihm jedoch bald sehr enge Schranken in dem Verwendungsgebiet der chemischen Industrie zugewiesen. Man kann dagegen den Aluminiumapparat als gift- und geschmackfrei bezeichnen, auch verursacht er keine Mißfärbung. Was die Formgebung und Bearbeitungsmöglichkeit anbelangt, so gilt für diese Apparate dasselbe wie für die kupfernen.

Bei allen bis jetzt besprochenen Apparaten, mit Ausnahme der hölzernen und derjenigen aus Blei, kann eine hohe Hitzebeständigkeit vorausgesetzt werden. Da diese gute Eigenschaft alle Genannten in gleich hohem Maße besitzen, wird dies hier an besonderer Stelle hervorgehoben.

Allgemeines über säurebeständige Apparate.

Bevor die Eisen-, Stahl- und Metallapparate damit verlassen werden, darf bei keinem die Gefahr der elektrolytischen Stromwirkungen, denen sie ausgesetzt sind, übersehen werden. Zur Genüge ist schon über diese überaus schädliche Wirkung bei chemischen Apparaten gesprochen worden, die überall da auftreten muß, wo Gelegenheit zur Bildung einer Salzlösung innerhalb eines Apparateraumes, der aus verschiedenen Metallen oder Eisen besteht, sich bietet. Dieser Mangel an Einheitlichkeit des Apparatematerials, der aber aus leicht begreiflichen Gründen meistens an den vorbehandelten Apparaten zu konstatieren sein wird, ist deshalb die Folge einer unausbleiblichen Zerstörungsarbeit. Die elektrolytische Stromwirkung ist daher bei allen Eisen- und Metallapparaten ein Umstand von schwerwiegender Bedeutung.

Ein besonders großes Verwendungsfeld findet der Steinzeugapparat in der chemischen Industrie. Er kann bei erstklassiger Herstellung, d. h. bei Verwendung vorzüglicher Tonmaterialien sowie guter Verarbeitung derselben und ebensolchem Brand, als säurebeständig bezeichnet werden. Allein er besitzt einen großen Nachteil in seiner geringen Festigkeit. Steinzeugapparate sind natürlich trotz aller Bemühungen bei nur geringen Druckwirkungen nicht mehr ohne Gefahr verwendbar. Sie besitzen oft auch starke Spannungen, die vom Brennen herrühren und schon bei leichten Stößen und geringen Beanspruchungen zur Auswirkung kommen und zum Springen führen. Die Formgebung ist selbstverständlich auch einer gewissen Beschränkung unterworfen, ebenfalls kann von einer leichten Bearbeitung nicht gesprochen werden. Gift- und Geschmackfreiheit ist gewährleistet, auch ist Mißfärbung ausgeschlossen. Hitzebeständigkeit ist vorhanden. Ein weiterer Vorzug ist die große Reinlichkeit, welche diese Apparate zulassen.

Zum Schlusse wäre noch eine Apparateart zu erwähnen, bei welcher eine Auskleidung gewisser Gefäßwandungen, z. B. von Blechkesseln mit Porzellan, vorgenommen wird. Dieses etwas verzweifelte Schutzmittel gegen chemische Angriffe kann natürlich nur in Ausnahmefällen Verwendung finden, denn ihm haften viele Mängel an. Man hat sich nur zu vergegenwärtigen, wie abhängig die Lebensdauer, aber auch die Betriebssicherheit eines derartigen Apparates ist, der von der Haltbarkeit unzähliger kleiner Porzellanplättchen, die nur Stück an Stück zum Schutze der Innenwandungen eingekittet werden können, abhängt. Bei komplizierter Form ist die Auskleidung unmöglich. Sie ist auch ein schlechter Wärmeleiter, und bei Druckwirkungen versagt sie vollständig. Gift- und Geschmackfreiheit sichern diese Apparate zu, auch schützen sie vor Mißfärbung. Die Reinlichkeit ist fraglich, sie hängt von der Fugenarbeit der Auskleidung ab.

Mit den vorgenannten Apparaten sind alle diejenigen genannt, welche hauptsächlich in den Betrieben der chemischen Industrie gegen stärkere oder starke Säure- und alkalische Einwirkungen Verwendung finden, denn es kann und muß hier von Apparaten abgesehen werden, die aus Edelmetallen oder aus Quarz bestehen, da sie sich auf den Laboratoriumsgebrauch beschränken und nur in äußerst seltenen Fällen als Betriebsapparateteile — Apparate kommen da überhaupt nicht in Betracht — angewandt werden.

Sind nun bei diesen näher betrachteten Apparaten die Hauptmerkmale eines allgemein gebräuchlichen, säurebeständigen Apparates zu finden? Ja, es soll in dieser Frage noch einen Schritt weitergegangen werden: Ist auch nur ein Apparat unter ihnen, der die charakteristischen Kennzeichen eines solchen säurebeständigen Apparates für sich in Anspruch nehmen kann?

Beide Fragen müssen unbedingt verneint werden, denn es befindet sich darunter auch nicht einer, der diese Kennzeichen alle in sich vereinigt.

Treffen nun diese Merkmale bei dem **säurebeständig emaillierten Apparat** zu? Das soll in nachfolgendem untersucht werden.

Bei Beurteilung des säurebeständig emaillierten Apparates muß vor allem beachtet werden, daß er aus zwei verschiedenen Materialien zusammengesetzt ist, nämlich aus Gußeisen und säurebeständigem Email. Das erstere wird dazu benutzt, die Form des Apparates zu bilden und ihm eine Art Gerippe für denselben zu geben, das letztere dient dazu, dieses Geruppe mit einer Schutzdecke zu versehen; dabei können dann in geschickter Weise die guten Eigenschaften beider Materialien verwendet werden. **Der Apparat akzeptiert nämlich nur die vorteilhaften Eigenschaften des Gußeisens, indem er die unvorteilhaften bzw. schädlichen durch den säurebeständigen Emailüberzug beseitigt und ihm auf diese Weise gleichzeitig auch die guten Eigenschaften des säurebeständigen Emails verleiht.**

Von diesem Standpunkt aus muß der **säurebeständig emaillierte Apparat** betrachtet werden, und soll diese Betrachtung die Richtigkeit vorstehender Behauptungen, nach welchen die bei der genauen Untersuchung festgestellten Eigenschaften des säurebeständigen Emails durch seine Verbindung mit dem Gußeisen in keiner Weise schädlich beeinflußt werden, bestätigen. Allerdings erübrigt sich teilweise eine derartige Beweisführung, weil bekanntlich gewisse dem säurebeständigen Email eigentümlichen Eigenschaften nur in Verbindung mit dem Gußeisen erzielt werden. Es sind aber doch noch andere Eigenschaften vorhanden, die darin Zweifel aufkommen lassen könnten und daher diese Beweisführung geradezu erfordern. Aus diesem Grunde wird es gut sein, nicht einfach auf die früheren Ausführungen über das säurebeständige Email zu verweisen, sondern, wo es notwendig sein sollte, noch einmal eine Prüfung aller Kennzeichen säurebeständiger Apparate für den säurebeständig emaillierten vorzunehmen.

Zuerst soll die Säurebeständigkeit ins Auge gefaßt werden. Es besteht kaum ein Zweifel, daß ein Apparat aus Gußeisen nicht säurebeständig ist, wenn er an allen Flächen, die dem Säureangriff ausgesetzt sind, mit säurebeständigem Email bedeckt ist. Die dieser Emailart zugehörige Eigenschaft der Widerstandsfähigkeit gegen stärkste chemische Angriffe ist schon früher ausführlichst behandelt worden und bedarf daher hier nicht noch einmal besonderer Begründung. In bezug aber auf diesen Flächenschutz ist es der Emailtechnik gelungen, weitgehendst den Anforderungen der chemischen Industrie gerecht zu werden, was noch eingehend zu behandeln bei der Besprechung über Fabrikation säurebeständig emaillierter Apparate vorbehalten bleibt. Man kann heute die kompliziertesten Apparate mit Deckeln und ihren Anschlüssen, zugehörigen Rührern, Abdrückrohren, Filterplatten u. a. m. derart mit Email überziehen, daß dem Säureangriff keine Gelegenheit gegeben wird, seine zerstörende Wirkung auf das Gußeisen auszuüben. Die hervorragende Eigenschaft der Widerstandsfähigkeit gegen chemische Angriffe des säurebeständigen Emails bleibt also auch für jeden kompletten säurebeständig emaillierten Apparat unverändert bestehen.

Die Hitzebeständigkeit eines säurebeständig emaillierten Gefäßes oder Apparates ist außerordentlich hoch, denn sie kann bis auf 450° C bemessen werden. Aus den Mitteilungen über das säurebeständige Email ist bekannt, daß dies nur möglich ist durch die außergewöhnlichen Eigenschaften der Emaildecke, die in elastischer Verbindung mit dem zugehörigen Gußstück steht, das ja als erstklassisches Material anstandslos dieser Temperatur gewachsen ist. Es bedarf also hier keiner weiteren Erklärungen, um diese Hitzebeständigkeit säurebeständig emaillierter Gußstücke als erwiesen zu kennzeichnen.

Welche hohe Festigkeit einem säurebeständig emaillierten Apparat zugeschrieben werden kann, geht ebenfalls deutlich aus früheren Ausführungen hervor. Die innige Vereinigung des säurebeständigen Emails mit Gußeisen durch Aufbrennen und durch die vorzüglichen Eigenschaften dieser Emaildecke, besonders erhöht durch den vermittelnden Grundemailauftrag, verleihen einem säurebeständig emailliertes Gußstück gleiche Eigenschaften in bezug auf Festigkeit wie einem jeden nicht emaillierten Gußstück. Die hohen Festigkeitszahlen sowohl für Zug wie Druck, welche gutes Gußeisen besitzt, sind bekannt, wird ja dieses Material im Maschinenbau ungemein viel und für hohe Anforderungen benutzt. Da nun zum Emaillieren nur erstklassiges Gußeisen von höchster Festigkeit Verwendung findet, so kann ein jeder säurebeständig emaillierte Apparat oder ein jedes derart emaillierte Gußstück auch auf diejenige Höhe, sowohl was Zug- wie Druckspannung anbelangt, beansprucht werden, wie man allgemein Gußeisen nach behördlichen Vorschriften beanspruchen darf.

Gußeisen verliert beim Emaillieren nichts von seinen guten Eigenschaften, es kann sogar dabei noch gewinnen, denn durch das Glühen, dem es wiederholt ausgesetzt werden muß, können ihm, falls es gefährliche Gußspannungen besitzt, diese genommen werden.

Mit den bisher genannten Eigenschaften ist aber auch eine leichte Bearbeitungsmöglichkeit verbunden. Es ist schon an anderer Stelle darauf hingewiesen worden, daß man wohl einem Gußstück die Eigenschaft der Säurebeständigkeit bis zu einem gewissen Grade geben kann, gleichzeitig ihm aber eine Härte und Sprödigkeit überträgt, die es für Bearbeitung gänzlich unfähig macht. Das Gegenteil trifft beim emaillierten Gußstück zu. Durch das öftere Glühen und langsame Abkühlen verliert eher das Gußeisen an Härte, wenn solche vorhanden, als sie zunimmt. Nun ist ja ein gutes Gußeisen vorzüglich zu bearbeiten, und da ihm der Emaillierprozeß von dieser guten Eigenschaft nichts nimmt, so steht dem Fertigstellen emaillierter Gußstücke, soweit sie übrigens nicht schon vor dem Emaillieren bearbeitet werden konnten, nach dem Emaillierprozeß durch Werkzeuge oder Werkzeugmaschinen jeder Art nichts im Wege. Selbstverständlich bleiben emaillierte Gußflächen von dieser Bearbeitung ausgeschlossen, was nicht allein vermieden werden kann, sondern ja auch gegen die Absicht, die man mit dem Emailschutz bewirkt, sprechen würde.

Wenn säurebeständig emaillierte Apparate allgemeine Anwendung in der chemischen Industrie finden sollen, so ist es erforderlich, daß sie giftfrei und ohne Geschmacküber tragung sind. Die heutige Nahrungsmittelfabrikation in ihrer großen Ausdehnung und Bedeutung, auch die Fabrikation pharmazeutischer Produkte können dieser wichtigen Eigenschaften an den von ihnen zur Verwendung gebrachten Apparaturen nicht entbehren. Nun ist anläßlich der Bekanntgabe der dem säurebeständigen Email innewohnenden Eigenschaften schon hervorgehoben worden, daß dieses Email auf totale Giftfreiheit und Geschmacklosigkeit Anspruch erhebt. Es ist auch dort bewiesen worden, daß dieser Anspruch zu Recht besteht. Da es sich bei säurebeständig emaillierten Apparaten stets nur um vollständig emaillierte Gußflächen handelt, die einerseits an keiner Stelle einen chemischen Angriff zulassen, andererseits aber auch in der Zusammensetzung des verwendeten Emails, vor allem betreffs Fehlen von Arsenik oder Bleioxyd sowie sonstigen gesundheitsschädlichen Stoffen, eine absolute Gewähr bietet, daß jede Gift- und Geschmackbildung ausgeschlossen bleibt, so können diese Apparate auch Anspruch auf vorgenannte Eigenschaften machen.

Eng mit diesen Merkmalen sind auch diejenigen verbunden, welche jede **Mißfärbung** und **Bildung von elektrolytischen Strömen verhindern**. Sie stehen alle in nahen Beziehungen zueinander, da sie alle abhängig sind von dem den Apparaten verliehenen Emailschutz. Gut emaillierte Innenflächen einer säurebeständig emaillierten Apparatur geben keine Möglichkeit der Zersetzung und damit auch keine Möglichkeit der Bildung elektrolytischer Wirkungen. Wo die erstere aber ausgeschlossen ist, sind es auch die letzteren; wo kein Angriff, ist auch keine Zerstörung und infolgedessen auch jede Mißfärbung des Apparateinhaltes unmöglich.

Der säurebeständig emaillierte Apparat besitzt also alle diejenigen Eigenschaften, welche man als besondere Hauptmerkmale eines säurebeständigen Apparates, der im weitesten Sinne zweckentsprechend für das Bedürfnis der chemischen Industrie sein soll, anzusehen hat. Sind ihm nun auch die anderen Kennzeichen eigen, welche man ihm sonst noch gerne zumißt?

Es käme als solches zunächst die **Reinlichkeit** in Betracht. Man verlangt bekanntlich in nahezu jedem chemischen Werke, hauptsächlich in Betrieben, wo empfindliche Fabrikationsprodukte erzeugt werden, peinliche Sauberkeit. Daß dieselbe beim säurebeständig emaillierten Apparat sehr leicht möglich ist, geht ohne weiteres schon aus der gleichen guten Eigenschaft des säurebeständigen Emails hervor. Was dort gesagt wurde, gilt auch hier. Es kann daher eine Wiederholung vermieden werden. Vielleicht wäre nur noch hinzuzufügen, daß auch bei komplizierten Apparaten die empfindlicheren Teile wie Rührer, Strombrecher u. a. keine Schwierigkeit in der Reinigung bieten. Sind sie ja alle durch ihren Emailschutz leicht von jeder Verunreinigung und jedem Ansatz zu befreien. Bei allen Teilen ist es nicht anders, als ob man Glasteile zu reinigen hat. Bekanntlich kann dies durch Wasserspülungen, Abputztücher und Schwämme mühelos erfolgen. Da, wo Rückstände etwas festsitzen, kann man mit Holzschabern nachhelfen.

Endlich wäre noch zu untersuchen, ob der **Vielgestaltigkeit** beim säurebeständig emaillierten Apparat Rechnung getragen werden kann. Ist diese Eigenschaft nötig? Wenn Apparate möglichst allgemeine Verwendung finden sollen, ist sie jedenfalls ein nicht zu unterschätzender Vorteil gegenüber solchen, welche in ihrer Ausbildung bezüglich Form, Größe wie überhaupt der gesamten Konstruktion einer gewissen Beschränkung unterworfen sind. Man denke dabei nur an die Steinzeugapparate oder an Apparate aus Blech. Vergleicht man damit Apparate aus gegossenen Materialien, z. B. aus Gußeisen oder Stahlguß, so ist sofort ersichtlich, daß diese den Vorzug verdienen. Bei der Verwendung dieser Materialien ist man ja so gut wie an keine Form und Größe gebunden. Die säurebeständig emaillierten Apparate, welche aus Gußeisen gebildet sind, werden bezüglich ihrer Maximalgrößen nur durch die noch praktisch möglichen Emaillierbrennöfen bestimmt und diese Größenmaße, welche besser beurteilt werden können, wenn man weiß, daß sie sich Ofenmuffeln von 40 bis 50 cbm Raumgröße anpassen können, bieten keiner modernen Gießerei Schwierigkeiten. Sie sind aber kaum in größerem Maße erforderlich, denn schließlich muß eine Apparatur für einen Betrieb noch gut zu bedienen sein.

Was dann die Ausbildung, Formgebung, kurz die Konstruktion der säurebeständig emaillierten Apparate anbelangt, so ist auch hier nur auf unsere hochausgebildete Gießereitechnik hinzuweisen, die heute allen in dieser Beziehung gestellten Anforderungen weitgehendst zu entsprechen vermag. Emailtechnisch sind aber auch darin keine Hemmungen zu verzeichnen, denn alle Gußflächen, welche erreichbar und kontrollierbar sind — worüber die Abhandlung „Fabrikation säurebeständig emaillierter Apparate" noch weiteren Aufschluß geben wird —, lassen sich säurebeständig emaillieren. Es geht daher aus allem hervor, daß der Vielgestaltigkeit im Bau säurebeständig emaillierter Apparate weite Grenzen gesteckt sind und der chemischen Industrie auch nach dieser Richtung die größten Vorteile geboten werden.

Nachdem mit diesen Kennzeichen der Reinlichkeit und Vielgestaltigkeit die Untersuchung in bezug auf alle Merkmale, die ein allgemein gebräuchlicher, zweckentsprechender, säurebeständiger Apparat haben soll, auch für den säurebeständig emaillierten Apparat als abgeschlossen zu betrachten ist, muß die Frage gestellt werden: Treffen für diesen Apparat alle die Merkmale zu?

Die Antwort kann nur ein entschiedenes Ja sein. Auf alle Kennzeichen wurde der säurebeständig emaillierte Apparat geprüft, und es konnte auch nicht ein einziges gefunden werden, dem er nicht zu entsprechen vermochte. So kommt man bei einer vorurteilslosen, sachgemäßen Prüfung zu dem Urteil, daß die chemische Industrie in dem säurebeständig emaillierten Apparat ein Betriebsmittel besitzt, das durch kein besseres bis jetzt ersetzbar ist und die Vorteile aller gebräuchlichen in sich vereinigt, ohne deren Nachteile zu besitzen.

Wenn dieses Urteil hier ausgesprochen wird, so soll aber damit nicht gesagt sein, daß der säurebeständig emaillierte Apparat ein Instrument der Vollkommenheit ist. Auch ihm haften Mängel an, und sie sollen rückhaltslos besprochen werden. Sind ja genug Zweifler und mit

Vorurteilen aller Art Behaftete da, die immer geneigt sind, die vermeintlichen und wirklichen Nachteile über die Vorteile zu stellen. Dies trifft vielleicht ganz besonders bei den säurebeständig emaillierten Apparaten zu. Es wird daher äußerst lehrreich sein, alle Mängel einer näheren Betrachtung zu unterwerfen, welche man mit Recht oder Unrecht dem säurebeständig emaillierten Apparat anhängt.

Zunächst sollen einmal die **angedichteten Mängel** ins Auge gefaßt werden. Eine der weitverbreitetsten, aber auch boshaftesten Lügen ist die, welche von der bei Benutzung emaillierter Gefäße auftretenden Gefahr für die Gesundheit spricht. Einmal ist es die giftige Zusammensetzung des Emails, das andere Mal die Entstehung von Emailsplittern.

Was die giftige Eigenschaft anbelangt, so wäre es nach allem, was schon über die Giftfreiheit säurebeständig emaillierter Apparate gesagt worden ist, überflüssig, viele Worte zu verlieren, und genügte ja der einfache Hinweis auf die diesbezüglichen Mitteilungen, um erkennen zu lassen, daß eine derartige Aussage entweder nur aus verwerflicher Bosheit, die hier keine weitere Beachtung findet, oder aus Unwissenheit gemacht werden kann. Es ist aber vielleicht hier doch noch einmal notwendig, darauf hinzuweisen, daß vor allem das säurebeständige Email nie mit dem gewöhnlichen Blech- oder Poterieemail verwechselt werden darf. Wo dies geschieht, kann leicht dem säurebeständigen Email eine Anschuldigung erstehen, die es nicht im geringsten verdient. Die gewöhnlichen Emailarten haben oft Blei- oder andere Zusätze (Antimon- oder Arsenverbindungen), die giftig auf den Inhalt von Emailgefäßen wirken können. Dies ist aber ganz ausgeschlossen bei säurebeständig emaillierten Gefäßen, die ihrer ganzen Zusammensetzung und Fabrikation nach dafür bürgen, daß jegliche Giftbildung unmöglich ist. **Jedes erstklassige Emaillierwerk garantiert nicht nur für diese Giftfreiheit, es betrachtet sie sogar als eine der wichtigsten und selbstverständlichsten Eigenschaften des säurebeständigen Emails.**

Jede andere gesundheitsschädliche Wirkung ist aber bei einem säurebeständigen emaillierten Gefäß ebenfalls unmöglich. So können Kupfer, Messing, Aluminium und Nickel von Säuren, besonders von Speisesäuren angegriffen werden; daß dies bei dem säurebeständigen Email ausgeschlossen ist, geht wieder aus seiner Zusammensetzung hervor. Es besitzt keine Metallzusätze, überhaupt keine Stoffe, die irgendwie gesundheitsschädlich wirken können. Seine Widerstandsfähigkeit gegen stärkste chemische Angriffe ist ja ein Hauptmerkmal des säurebeständigen Emails.

Inwieweit kann aber das Email durch Splitterbildung gefährlich werden? Vorauszuschicken ist, daß dies selbstverständlich nur da der Fall sein kann, wo es sich um Erzeugung von Nahrungs- oder Genußmitteln handelt, die in den menschlichen Magen gelangen. Zur Beantwortung der vorstehenden Frage darf vielleicht auf eine frühere Veröffentlichung: „Die Bedeutung des Emails in der gegenwärtigen Zeit", von Dr. J. S c h ä f e r , in der Zeitschrift „Metall", Jahrgang 1916, verwiesen werden. Derselbe spricht dort sehr richtig von dem „immer wieder aufgebrachten Märchen von der Blinddarmentzündung" und führt unter anderem einige sehr interessante Urteile von Sachverständigen an. So ein Gutachten von Geh. Med.-Rat Prof. Dr. S p r e n g e l in Braunschweig, in welchem derselbe darauf hinweist, daß eine Reihe der erfahrensten Chirurgen noch niemals einen Emailsplitter bei ihren anatomischen Untersuchungen im Wurmfortsatz gefunden haben, und daß fünftausend eigene Arbeiten ihn den Schluß ziehen lassen: „„„Die Emailsplitter sind für die Ätiologie der Appendizitis völlig belanglos, die durch sie bedingte Gefahr gleich Null." Nach diesen Sätzen stehe ich nicht an, das von mir gewünschte Gutachten dahin abzugeben, daß die Behauptung von der Gefährlichkeit der Emailsplitter wissenschaftlich auf das bestimmteste zurückgewiesen werden muß. Sie dient lediglich dazu, das Publikum irrezuführen und die ohnehin übertriebene Panik zu verschärfen." Ein anderes Gutachten von dem leitenden Arzt des Chirurgischen Ambulatoriums, Allgemeines Krankenhaus Hamburg-Eppendorf, Dr. K o t z e n b e r g lautet: „.. ist in Tausenden von Fällen, in denen bei Blinddarmoperationen aus wissenschaftlichen Gründen der erkrankte Wurmfortsatz auf das genaueste untersucht worden ist, nur in einer verschwindend kleinen Anzahl der eine oder andere Fremdkörper, niemals übrigens Emails p l i t t e r , gefunden worden."

Wenn man nun berücksichtigt, daß es sich bei diesen Gutachten nur um Aussagen handelt, die sich auf die Benutzung von emailliertem Kochgeschirr beziehen, so wird man bei Ausdehnung der angeblichen Splittergefahr auf säurebeständig emaillierte Apparate noch zu einem viel günstigeren Urteil kommen müssen. Kochgeschirre sind dünnwandige Gefäße; sie werden oft sehr leichtsinnig behandelt. Ganz abgesehen davon, daß sie häufig ohne Inhalt dem Feuer ausgesetzt, dann einer rapiden Abkühlung unterworfen werden, reinigt man das Geschirr vielfach durch Abkratzen und Abklopfen mit scharfen, harten Gegenständen. Da braucht man sich dann nicht zu wundern, wenn bei solcher Tortur Email leidet und absplittert. In der Industrie handelt es sich aber nicht um solche leichte, dünnwandige Gefäße, meist sind es starkwandige Kessel und Apparate, die dabei in der säurebeständigen Emaillierung einen Überzug von einer Festigkeit besitzen, der hohe Beanspruchungen aushält und Erhitzungen ausgesetzt werden kann, welche 400—450° C betragen können. Wenn also nicht ganz außerordentliche Einwirkungen säurebeständig emaillierte Gefäße in ihrer Emaillierung verletzen, ist ein Loslösen der Emaildecke normalerweise so gut wie ausgeschlossen, abgesehen davon, daß dies sich dann selten in einer Art Absplitterung, meist immer erst in Sprungbildungen und späteren Abblätterungen bemerkbar macht, denen man bei einiger Aufmerksamkeit rechtzeitig begegnen kann. Darüber soll in einem besonderen Kapitel: „Behandlung säurebeständig emaillierter Apparate" später noch ausführlicher gesprochen werden.

Manchmal hört man auch die abfällige Bemerkung, daß die säurebeständig emaillierten Apparate zu empfindlich seien. Diese Empfindlichkeit äußert sich sowohl auf dem Transport, bei der Montage wie im Betrieb. Es ist kein Zweifel darüber zulässig, daß ein emaillierter Apparat eine gewisse Vorsicht bei seiner Benutzung erfordert. Die Emaildecke ist ein Glasfluß und als solcher bei harten, heftigen Stößen der Verletzung ausgesetzt. Bei einiger Vorsicht — und es soll späterer Besprechung vorbehalten bleiben, darüber entsprechende Verhaltungsmaßregeln bekanntzugeben — ist ein emaillierter Apparat nicht empfindlicher wie viele Blech-, Metall- und Gußapparate, aber nicht so empfindlich wie solche aus Steinzeug oder Porzellan. Besteht ja der säurebeständig emaillierte Apparat in der Hauptsache aus Gußeisen. Trägt man also nur der Emaildecke beim Transportieren und Bedienen, bei der Aufstellung während der Montage und bei Behandlung während der Fabrikationsvorgänge etwas Rechnung, so ist die Empfindlichkeit eines solchen Apparates nicht viel unterschieden von derjenigen eines gußeisernen.

Als Mangel des säurebeständig emaillierten Apparates rügen viele auch die leichte Verletzbarkeit bei wechselnden Erhitzungen und Abkühlungen. Es ist bekannt, welche Widerstandsfähigkeit der säurebeständig emaillierte Apparat bezüglich Erhitzen auszuhalten vermag, ebenso ist ausführlichst auch über die Zulässigkeit starker Abkühlung schon gesprochen worden. Es ist aber auch an gleicher Stelle darauf aufmerksam gemacht worden, daß eine gewisse Vorsicht nötig ist. Email ist eine Glasschmelze, und bei starken Erhitzungen und Abkühlungen muß auch hier der Eigenart des Emailüberzuges als Glasfluß Beachtung geschenkt werden. In welcher Weise dies zu geschehen hat, soll an geeigneterer Stelle ausgeführt werden. Wer diese notwendige Vorsicht als Mangel ansieht, mag es tun. Da sie aber fast immer bei gutem Willen und geordneten Betriebsverhältnissen **angewandt werden kann**, darf man sie nicht als einen großen Nachteil anderen Apparaten gegenüber betrachten.

Man wirft weiter sehr oft dem Emailfabrikanten vor, daß sie doch selbst ihrem Fabrikat wenig Vertrauen schenken müssen, da sie jede

Garantie bei Lieferung ablehnen. Dieser Vorwurf scheint auf den ersten Augenblick berechtigt zu sein und Grund genug zu geben, Mißtrauen zu erwecken. Sobald man aber die Gründe, die für das Vorgehen der Emaillierwerke sprechen, näher ins Auge faßt, kommt man zu einem milderen Urteil. Tatsache ist, daß es wohl kaum ein renommiertes Werk gibt, das sich mit der Herstellung säurebeständig emaillierter Apparate befaßt, welches sich, abgesehen von der Garantie auf Giftfreiheit, auf eine andere Gewährleistung für seine Lieferungen einläßt. Man liefert ab Werk, überläßt aber in der Regel jedem Kunden die Selbstabnahme durch Sachverständige. Email ist ein Glasfluß und als solcher auf Transporten, Montage und im Betrieb, sobald er in unkundige oder auch rohe, mitunter aber auch böswillige Hände kommt, der Gefahr ausgesetzt, leicht an irgendeiner Stelle, besonders wenn die Absicht vorliegt, beschädigt zu werden. Ein kleiner Schaden kann aber dann nur zu bald zum großen führen, wie noch später zu hören sein wird, und es ist so gut wie ausgeschlossen, daß die Ursachen solcher Zerstörungen immer einwandfrei festgestellt werden können. Der säurebeständig emaillierte Apparat kommt aber auch in Betrieben zur Verwendung, wo meist durch Kräfte aller Art auf die Zerstörung hingewirkt wird. Es sind einmal hohe mechanische Beanspruchungen, Druckwirkungen, starke Erhitzungen und Abkühlungen, ein anderes Mal sind es mehrere dieser Einwirkungen oder gar alle, die zusammenwirken, endlich aber immer mehr oder minder starke chemische Angriffe. Was kann da nicht alles geschehen, das zum plötzlichen Zerstören eines emaillierten Apparates führt? Nur in den seltensten Fällen wird es möglich sein — es hat dies die Erfahrung gelehrt —, festzustellen, welche Ursache den Schaden oder die Verletzung der Emaildecke hervorgerufen hat.

Es ist daher, wenn man diesen Gründen nicht jede Berechtigung absprechen will, leicht zu verstehen, warum ein Emaillierwerk jede Garantie außerhalb seines Werkes ablehnen muß. Wenn nun trotzdem der säurebeständig emaillierte Apparat sich überall, im In- und Ausland, in der gesamten chemischen Industrie eingeführt hat, so beweist dies am besten, daß diese berechtigte Garantieablehnung kein Hindernis für die Verwendung desselben war, vielmehr ein glänzendes Zeugnis für die Güte und Haltbarkeit des säurebeständigen Emails ist, welches dafür spricht, daß diese Art von Vorkommnissen zu den Seltenheiten gehören. Es beweist ferner, daß Lieferanten und Kunden ein gegenseitiges Vertrauen zueinander besitzen. Dieses Vertrauen ist notwendig gewesen und muß dauernd bleiben. Es rechtfertigt sich auch, denn es wird ebenso sicher ein erstklassiges Emaillierwerk trotz Mangel einer Garantieverpflichtung eine Ersatzlieferung bzw. Mangelbeseitigung nicht verweigern, wenn es sich zweifelsfrei von einem Fehler seines gelieferten emaillierten Objektes überzeugen kann, wie es ein anständiger Kunde unterlassen wird, unberechtigte Ansprüche zu erheben, die ihm auf Grund der anerkannten Lieferungsbedingungen nicht zustehen.

Unter allen säurebeständigen Apparaten der chemischen Industrie verdient, wie ersichtlich aus den vorgenommenen Prüfungen, der säurebeständig emaillierte Apparat ohne Zweifel den Vorrang, und daß er diesen mit vollem Recht in Anspruch nehmen kann, zeigt die Tatsache seiner gewonnenen Absatzgebiete. Trotz allen Schwierigkeiten, die sich ihm in den Weg stellen, ihm aber auch von seiten gewisser Neider in den Weg getürmt werden, hat er sich in einem Zeitraum von fünfzig Jahren eine Welt erobert. Dies allein spricht besser für ihn, als alle Lobeshymnen, die man als überzeugter Fachmann dem säurebeständig emaillierten Apparat zu singen versucht ist.

V. Die Fabrikation säurebeständig emaillierter Apparate unter gleichzeitiger Berücksichtigung ihrer Konstruktion.

Wenn hier ein Bild über die Fabrikation säurebeständig emaillierter Apparate entworfen werden soll, so kann es nur eine oberflächliche Skizze werden, die dem außerhalb dieser Fabrikation Stehenden nur einen ungefähren Begriff über dieselbe geben soll, denn auch hier gilt, was schon von der Herstellung des säurebeständigen Emails gesagt wurde: diese Fabrikation ist in ihren einzelnen Phasen bei den verschiedenen Emaillierwerken abweichend voneinander. Jedes Werk arbeitet nach eigenen Erfahrungen. Der allgemeine Arbeitsplan ist jedoch so ziemlich überall derselbe, und es können daraus leicht die Kenntnisse entnommen werden, die dazu dienen sollen, das Verständnis für diesen wichtigen Fabrikationszweig zu vermehren und das Vertrauen zu dem säurebeständig emaillierten Apparat, bei denjenigen, die ihn noch nicht aus eigener Erfahrung kennen, zu wecken.

Die Fabrikation säurebeständig emaillierter Apparate verlangt eine Reihe von Arbeitsstufen je nach der Art derselben. Man kann aber im Apparatebau nicht von stets wiederkehrenden Apparatearten sprechen, wenn es sich nicht gerade um die einfachsten derselben, um einfache Schalen oder Kessel handelt, da die meisten der Apparate sich ganz nach dem Zwecke zu richten haben, dem sie zu dienen bestimmt sind. Daher ist die Aufstellung einer genauen Typenreihe, an welche man sich halten könnte, nicht durchführbar. Es ist aber möglich, gewisse Haupttypen zu unterscheiden, und diese zunächst einmal kennenzulernen, muß die nächste Aufgabe sein, um dann später mit deren Hilfe die Fabrikation besser verfolgen und beurteilen zu können.

Der einfachste Apparat ist natürlich das säurebeständig emaillierte offene Gefäß in Kessel- oder Schalenform, das den verschiedenartigsten Zwecken dienen kann. Abb. 5 zeigt einen derartigen dünnwandigen, innen und über den Flansch **säurebeständig emaillierten Kessel** mit halbrundem Boden, Abb. 6 eine ebensolche **Schale** mit Bordrand. Diese Schale kann ebensogut auch einen glatten Flansch erhalten. Abb. 7 stellt eine rechteckige Schale, im Innern säurebeständig emailliert, mit flachem Boden und oberem ringsumlaufenden Wulst zur Verstärkung des Schalenrandes dar, wie sie vielfach zu Kristallisationszwecken verwendet werden. Auch bei dieser Schale wird der Wulst überemailliert, so daß überlaufender oder überschäumender Inhalt dem Schalenrand nicht zu schaden vermag.

Abb. 5. **Dünnwandiger Flanschenkessel** mit schwachgewölbtem Boden, innen und über den Flansch säurebeständig emailliert.

Abb. 6. **Halbrunde Schale** mit Bordrand, innen und über den Rand säurebeständig emailliert.

In Abb. 8 wird ein offener **Dampfkochkessel** mit teilweiser Beheizung durch einen gußeisernen Mantel auf gußeisernen Füßen stehend gezeigt. Der Innenkessel ist vollständig im Innern säurebeständig emailliert, ebenso ist auch der obere Kesselflansch überemailliert. Es ist überhaupt die Regel, daß alle

Abb. 7. Innen und über den Rand säurebeständig emaillierte **Kristallisationsschale**.

Kessel oder Gefäße, welche Gestalt sie auch besitzen mögen, über den oberen Rand, wenn derselbe wulst- oder flanschartig ausgebildet ist, über den Wulst oder Flansch emailliert werden. Man beabsichtigt damit, die Gefäße vor Angriff durch Säure an diesen Stellen, die oft durch Überlaufen oder Überschäumen, häufig auch durch Besudelung der bedienenden Arbeiter gefährdet sind, zu schützen. Abb. 9 zeigt einen Dampfkochapparat mit innen säurebeständig email-

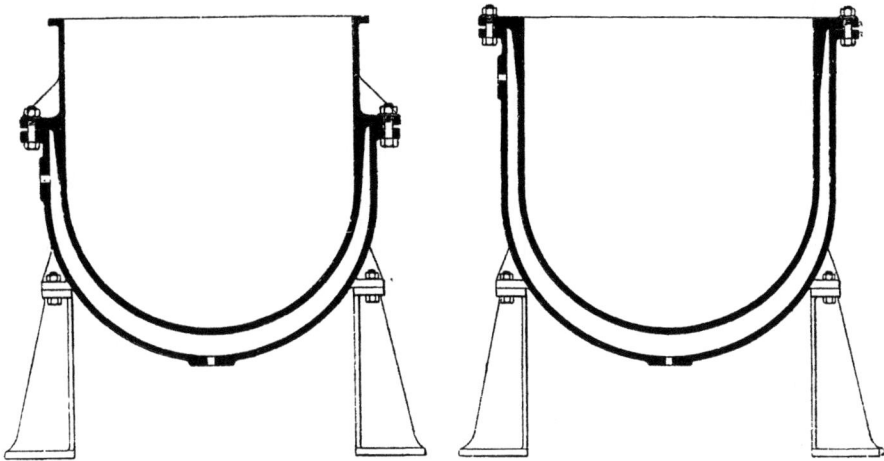

Abb. 8. Dampfkochkessel mit innen säurebeständig emailliertem Innenkessel u. gußeisernem Dampfmantel für teilweise Beheizung.

Abb. 9. Vollständig beheizter Dampfkochkessel mit innen säurebeständig emailliertem Innenkessel und gußeisernem Dampfmantel.

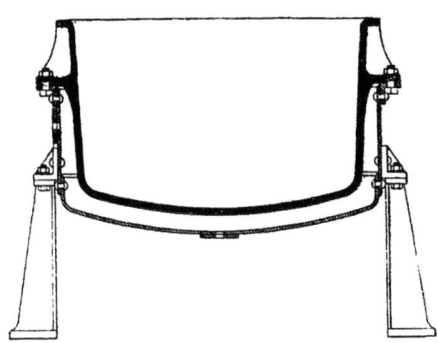
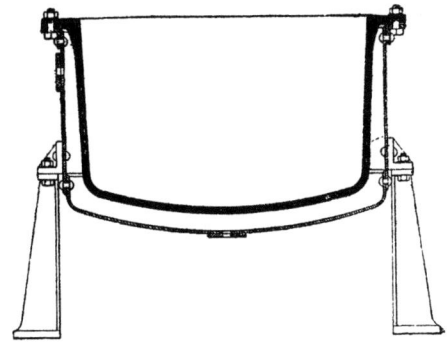

Abb. 10. Innen säurebeständig emaillierter Dampfkochkessel mit schmiedeisernem Dampfmantel für teilweise Beheizung.

Abb. 11. Vollständig beheizter, innen säurebeständig emaillierter Dampfkochkessel mit schmiedeisernem Dampfmantel.

liertem Kessel und vollständiger Beheizung. Abb. 10 und 11 veranschaulichen dieselben Dampfkochkessel wie die beiden vorbeschriebenen, nur daß diese schwachgewölbte Böden und schmiedeiserne Dampfmäntel besitzen.

Die Abdampfschalen können in gleicher Weise wie die Dampfkochkessel ausgeführt werden. So stellt Abb. 12 eine **säurebeständig emaillierte Abdampfschale** mit teilweiser Beheizung durch einen gußeisernen Mantel dar, wobei halbrunde Form des Kessels gewählt ist, während in Abb. 13 eine solche mit vollständiger Beheizung durch einen Blechmantel zu erkennen ist, wobei der Boden schwach gewölbt zur Ausführung kam.

Komplizierter wie diese einfachen Kochapparate sind die **säurebeständig emaillierten Rührwerke**, die natürlich in den verschiedenartigsten Konstruktionen zur Durchführung kommen. Es ist unmöglich, auch nur die gebräuchlichsten Typen hier wiederzugeben, weshalb die Orientierung auf die charakteristischsten beschränkt bleiben muß. Da ist zunächst das **offene, säurebeständig emaillierte Rührwerk**, ohne oder mit Dampfmantel. Ein sehr einfacher Rührapparat dieser Art ist das nach Abb. 14. Es ist ohne Beheizung und hat einen unteren Ablauf. Abb. 15 zeigt ebenfalls ein offenes Rührwerk, besitzt jedoch schmiedeeisernen Dampfmantel. Am gußeisernen Gestell des Rührerantriebes sind säurebeständig emailliefte Strombrecher angebracht.

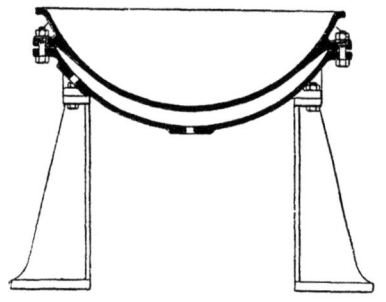

Abb. 12. **Halbrunde Abdampf- oder Eindampfschale mit säurebeständig emailliertem Innenkessel und gußeisernem Dampfmantel.**

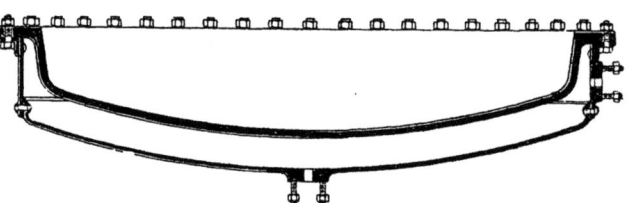

Abb. 13. **Innen säurebeständig emaillierte Abdampf- oder Eindampfschale mit schmiedeisernem Dampfmantel für vollständige Beheizung.**

Dann wären diesen einfachen Rührwerken, die mehr oder minder vielseitigeren **geschlossenen Apparate** anzureihen. Als bemerkenswert sind da vor allem die in den verschiedenartigsten Bauarten auftretenden **Destillierkessel** zu nennen, von welchen sich wenig unterscheiden die **Rektifizierapparate**, welche ja nichts weiter als eine Abart der Destillationsapparate sind, und die

unter gleichzeitiger Berücksichtigung ihrer Konstruktion. 49

vielleicht noch besonders erwähnungswerten Extraktionskessel. Ein derartig typischer geschlossener Apparat, welcher zu Destillationszwecken dient, ist in Abb. 16 dargestellt.

An diese geschlossenen Apparate schließen sich dann an die geschlossenen Rührwerke, wie solche z. B. in Abb. 17, das feststehend, oder in Abb. 18, welches sogar umkippbar eingerichtet ist, erkenntlich sind. Beide Apparate besitzen gußeiserne Dampfmäntel, die aber in jedem Falle durch Blechmäntel zu ersetzen sind.

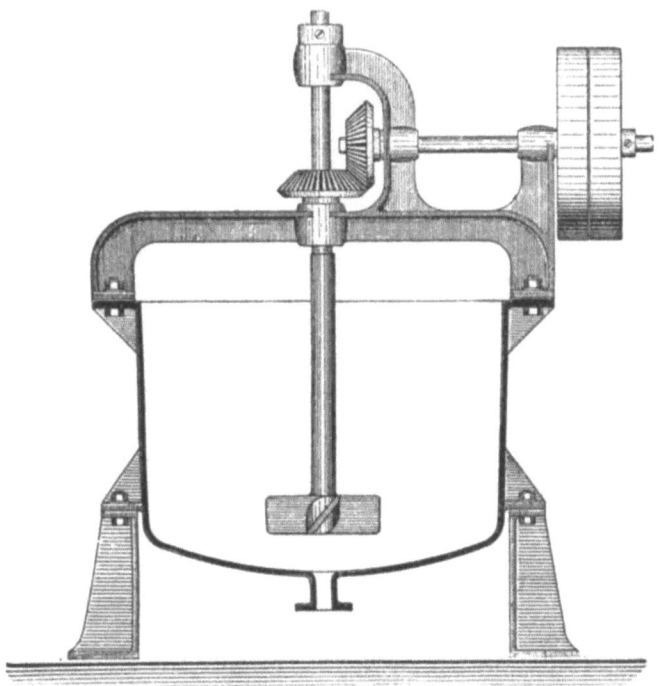

Abb. 14. Offener Rührapparat mit innen säurebeständig emailliertem Kessel und emailliertem Quirlrührer.

Es kann aber an Stelle des Dampfmantels, also der Beheizung, auch oft der Kühlmantel, also die Abkühlung treten. Einen solchen außen gekühlten Apparat kann man in Abb. 19, welcher ein säurebeständig emailliertes Rührwerk mit großem Inhalt und Blechkühlmantel veranschaulicht, ersehen.

Ein weiterer Schritt führt dann zu den kompletten Anlagen, bei welchen außer meist geheizten, säurebeständig emaillierten Kesseln noch andere säurebeständig emaillierte Hilfsapparate und Verbindungsteile notwendig werden, was z. B. vor allem bei den verschiedenartigsten Destillations- und Rektifizieranlagen, wie sie die chemische Industrie in großen Mengen benötigt, zutrifft.

Als Beispiel hierfür sei auf Abb. 20 verwiesen, in welcher eine Destillationsanlage mit säurebeständig emaillierter Destillierblase und aufgesetztem, ebenso emailliertem Kolonnenaufsatz, ferner mit säurebeständig emailliertem Helmrohr und Vorwärmer, wie sie in der Kognakfabrikation oder bei der Gewinnung ätherischer Öle benutzt werden, dargestellt ist.

Ein anderes Beispiel zeigt Abb. 21 in einer Destillationsanlage, welche außer einem kompletten, mit Gasfeuerung geheizten, säure-

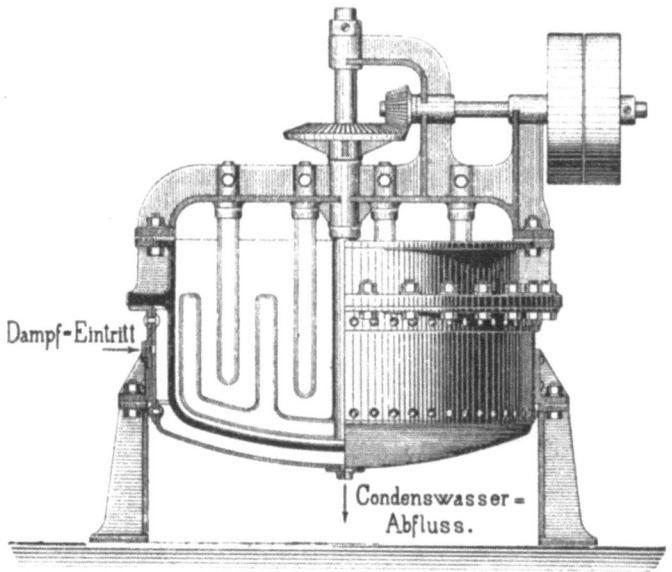

Abb. 15. Offenes Rührwerk mit im Innern vollständig säurebeständig emailliertem Innenkessel, säurebeständig emailliertem Flügelrührer und Vertikal-Strombrechern sowie schmiedeeisernem Dampfmantel.

beständig emaillierten Rührwerk, eine ebensolche emaillierte, wassergekühlte Rohrschlange mit Verbindungsleitung und Vorlage besitzt.

Diese kleine Reihe von säurebeständig emaillierten Apparaten, angefangen vom einfachsten Kessel und fortgesetzt bis zur kompliziertesten Destillationsanlage, zeigt auf das deutlichste, daß die Fabrikation nicht schablonenmäßig durchgeführt werden kann. Sie hat sich also nach der Art der zu emaillierenden Apparate zu richten und erfordert deshalb eine äußerst vielseitige Werkeinrichtung. Zunächst darf nicht übersehen werden, daß eine wirklich zuverlässige säurebeständige Emaillierung nur auf Gußeisen möglich ist. Daher ist immer die erste

unter gleichzeitiger Berücksichtigung ihrer Konstruktion. 51

Fabrikationsbedingung, welche zu erfüllen ist, die Herstellung eines erstklassigen Gußstückes, also das Vorhandensein einer gut eingerichteten E i s e n g i e ß e r e i. Da der Apparatebau für die

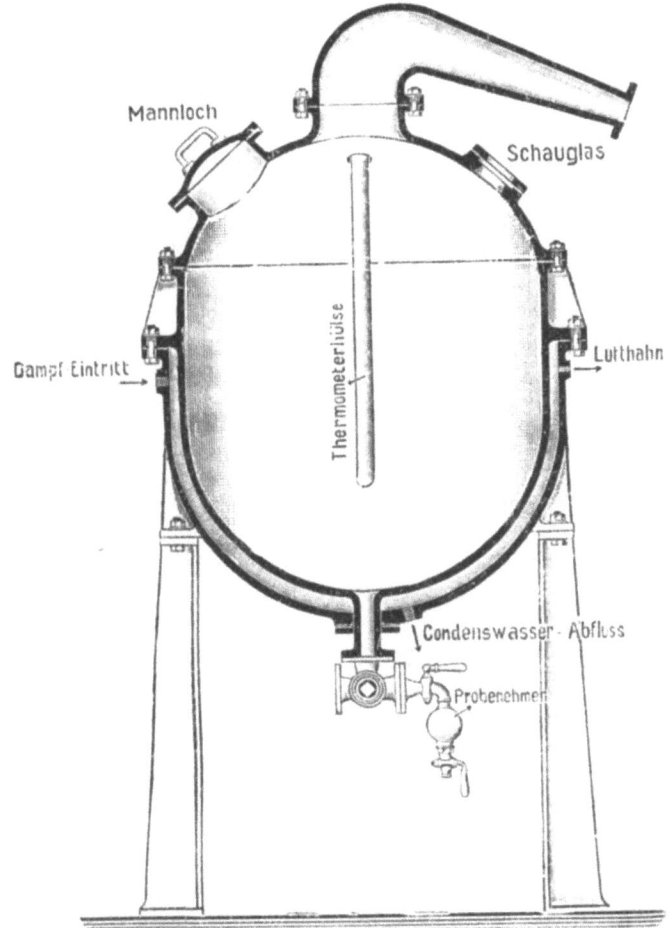

Abb. 16. Geschlossener Destillierapparat mit Helmrohr, Schauglasglasrand und Mannloch, im Innern alles säurebeständig emailliert; der Kessel teilweise durch gußeisernen Dampfmantel beheizt.

chemische Großindustrie besonders große Kesselinhalte fordert, so genügt nicht allein eine leistungsfähige Sandformerei, sondern ist neben dieser auch eine Lehmformerei notwendig, die der Anfertigung großer Gefäße von 2,5 m Durchmesser und mehr bei 3 m Tiefe und mehr gewachsen ist.

Es würde zu weit führen, wenn an dieser Stelle eine eingehende Besprechung der Gießereivorgänge stattfände. Das erübrigt sich schon aus dem Grunde, weil diese Kenntnisse als vorhanden vorausgesetzt werden dürfen. Sie sind heute so ziemlich Gemeingut eines jeden technisch Gebildeten und da, wo sie es nicht sind, können sie leicht aus einem erreichbaren reichen Literaturschatz geschöpft werden. Ohne weiteres kann daher die Betrachtung sich auf den Hauptteil der Fabrikation erstrecken, welcher beginnt mit der Auslieferung des gegossenen Stückes an die der Gießerei notwendig folgenden übrigen Werkabteilungen. Diese sind entweder das **Emaillierwerk** oder das **Emaillierwerk** in Verbindung mit der **Maschinenfabrik**. Die Gesamtwerkanlage für die Ausübung einer das ganze Gebiet des Baues säurebeständig emaillierter Apparate umfassenden Fabrikation erfordert demnach **Eisengießerei, Maschinenfabrik** und **Emaillierwerk**.

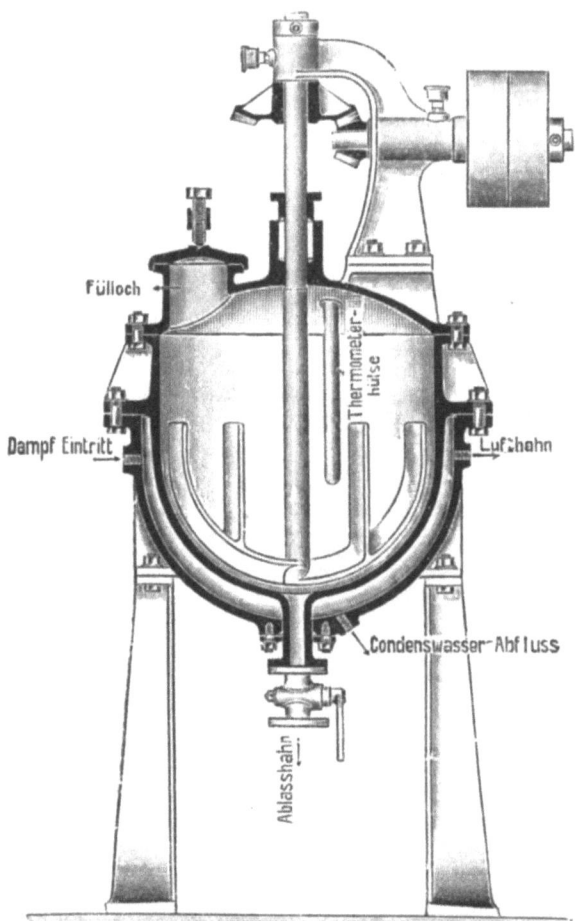

Abb. 17. Geschlossenes Rührwerk mit Schaufelrührer, innen alle Teile säurebeständig emailliert und außen mittelst gußeisernem Dampfmantel teilweise beheizt.

Die Vorgänge in der Maschinenfabrik können hier ebensowenig eingehend behandelt werden wie diejenigen in der Gießerei. Auch sie können als bekannt vorausgesetzt werden und sollen daher nur insoweit an entsprechender Stelle ins Auge gefaßt und besprochen werden, als sie bezüglich Anfertigung säurebeständig emaillierter Stücke besonders Erwähnenswertes für die Arbeitsweise der Maschinenfabrik ergeben.

unter gleichzeitiger Berücksichtigung ihrer Konstruktion. 53

Ganz anders liegt der Fall bezüglich der Arbeitsvorgänge in dem Emaillierwerk, das sich mit der Herstellung säurebeständig emaillierter Gegenstände für den Apparatebau beschäftigt. Die Kenntnisse über diese Arbeitsvorgänge sind sehr wenig verbreitet. Nur einer kleinen Zahl Technikern sind sie bekannt. Da sie aber für die Verwendung der säurebeständig emaillierten Apparate von größter Bedeutung sind, müssen sie hier einer näheren Beschreibung unterworfen werden.

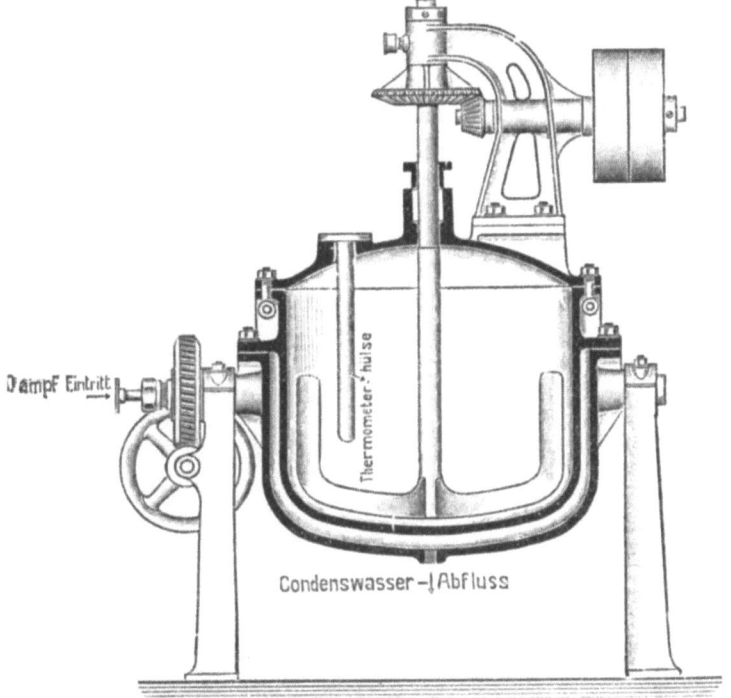

Abb. 18. Geschlossenes, innen vollständig säurebeständig emailliertes Rührwerk mit Flügelrührer und Kippvorrichtung zur Entleerung des Innenkessels; teilweise Beheizung durch Dampfmantel aus Gußeisen.

Drei Arbeitsstufen beherrschen den Emaillierprozeß:
1. die Reinigung der Gußstücke,
2. das Auftragen der Emailliermassen und
3. das Brennen.

Also zuerst das Reinigen. Damit das Emaillieren gelingt, muß die Gußfläche des zu emaillierenden Stückes, auf welche die Emaildecke aufgelegt wird, metallisch rein sein. Sie darf keine Fremdkörper, wie Sandkörner, Schlacke und dergleichen, auf der Oberfläche haben, auch ist, um das Haften des Grundemails zu sichern notwendig, daß jede Blase oder Schilpe entfernt wird. Wenn man diese Bedingungen hört, kommt unwillkürlich die Meinung auf, daß ja dann das Emaillieren auf bearbeiteter Gußfläche am besten gelingen muß. Das ist

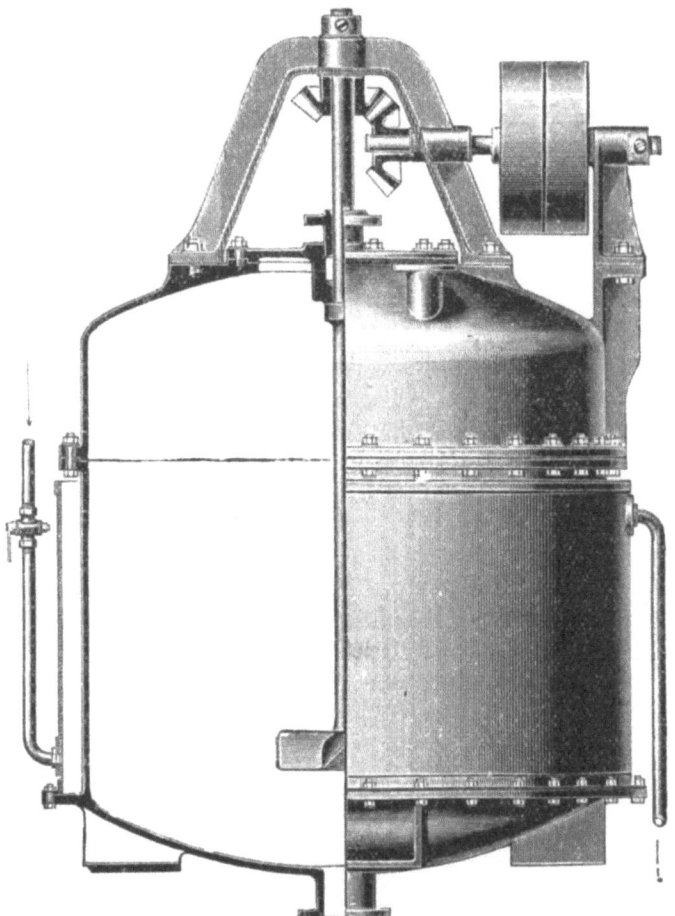

Abb. 19. Geschlossener, innen säurebeständig emaillierter Rührapparat mit Quirlrührer: teilweise Außenkühlung durch Kühlmantel aus Eisenblech.

aber nicht der Fall. Wohl läßt sich auch eine glatt gearbeitete, also z. B. eine gefeilte, gedrehte oder gehobelte Fläche säurebeständig emaillieren, allein die Emailmasse trägt und brennt sich viel besser auf etwas rauher, körnig gearteter Oberfläche, wie sie gerade die rohe Fläche jedes Gußstückes aufweist, auf. Es ist dies erklärlich, wenn man berücksichtigt, daß auf solcher Gußfläche das Grundemail als erster Auf-

unter gleichzeitiger Berücksichtigung ihrer Konstruktion.

trag sich jeder kleinen Vertiefung und Erhöhung, die durch die körnige Oberflächenstruktur in natürlicher Weise vorhanden sind, anschmiegt

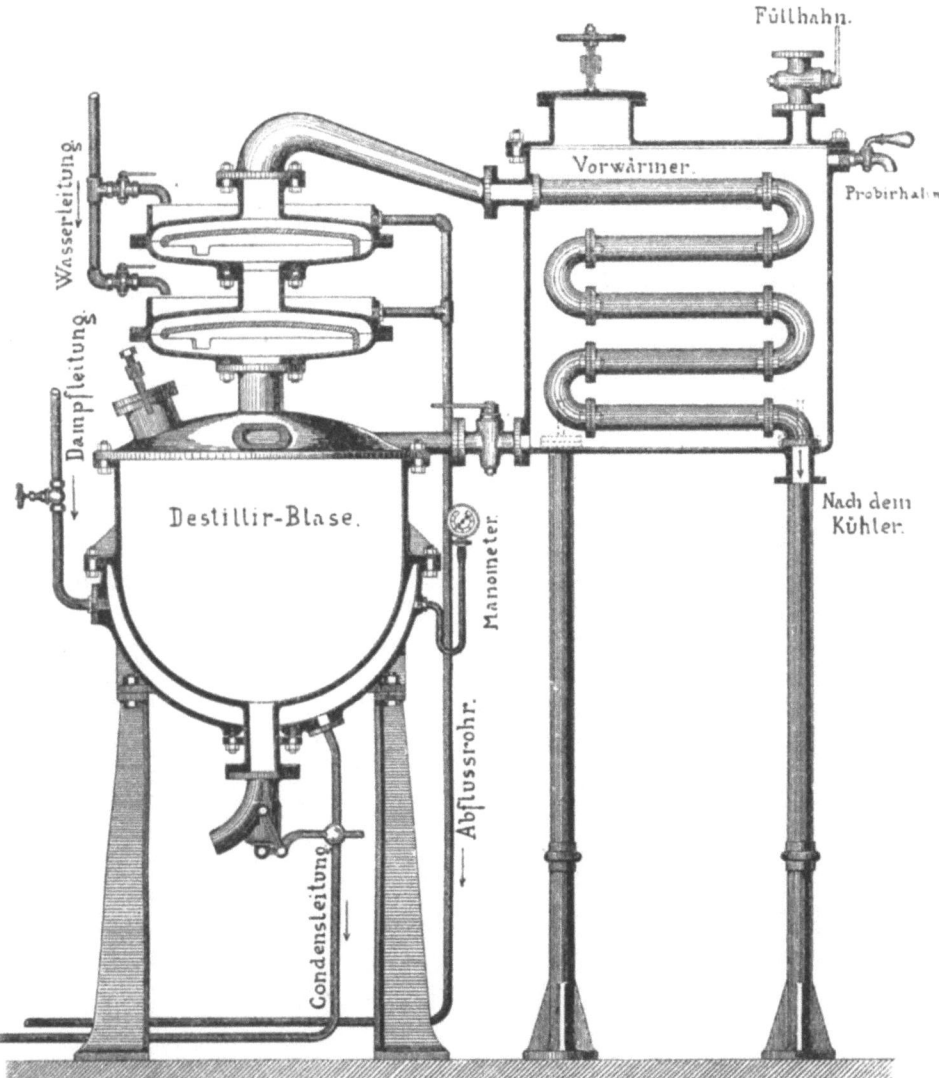

Abb. 20. Komplette Destillations-Anlage mit durch Dampfmantel geheizte Destillationsblase, Kolonnenaufsatz und Vorwärmer, sämtlich im Innern säurebeständig emailliert.

und so sich förmlich an unzähligen Punkten festzuklammern und zu verankern vermag. Gleichzeitig wird aber auch eine höhere Elastizität

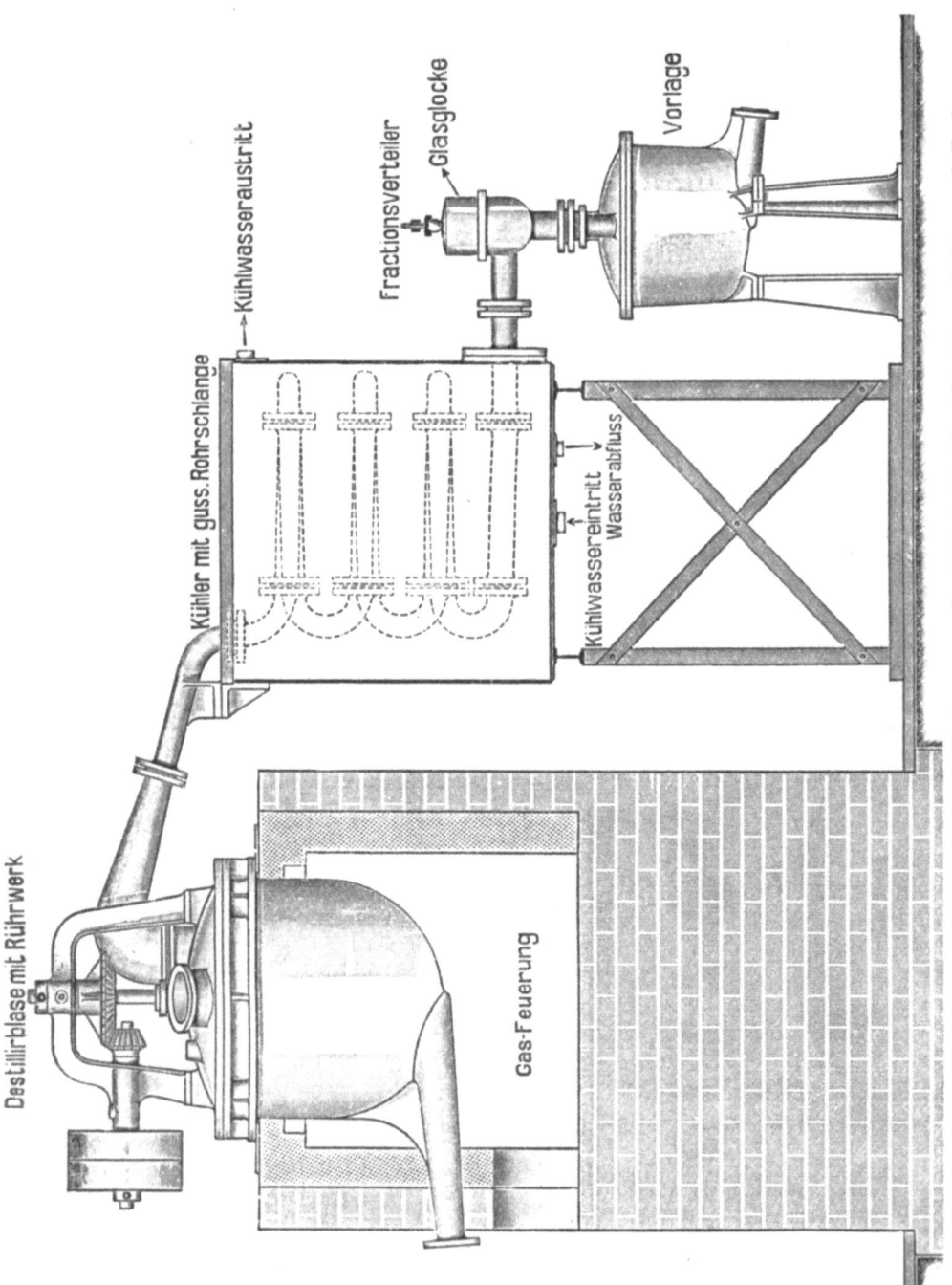

Abb. 21. Destillationsanlage mit durch Gasfeuerung direkt beheizte Destillierblase, Kühler und Vorlage; sämtliche Teile im Innern säurebeständig emailliert.

der Emaildecke erzielt, als wenn sich dieselbe als vollständig spiegelglatter Überzug auf ebensolcher glatter Oberfläche auflegen würde. Wo man also es ermöglichen kann, emailliert man auf unbearbeiteter, roher Gußfläche und vermeidet die bearbeitete.

Nun kommt bekanntlich jedes Gußstück schon aus der Gußputzerei der Gießerei gereinigt hervor. Diese Reinigung ist aber auf keinen Fall für den Emaillierprozeß genügend. Es sei einmal als einfachstes Beispiel ein Kessel nach Abb. 5 oder eine Schale nach Abb. 6 ins Auge gefaßt und angenommen, daß diese Stücke säurebeständig zu emaillieren sind. Von der Gießerei in üblicher Weise, d. h. als verkäuflicher Rohguß der Emaillierwerkabteilung geliefert, wird jedes Stück möglichst sofort der Reinigungsanstalt übergeben. Die sofortige Reinigung ist geboten, da man die zu emaillierenden Gußstücke an der Oberfläche sorgfältigst vor Rostbildungen schützen muß. Rost ist der Feind des Emails, er ist ebenso schädlich, oft noch schädlicher wie andere Unreinigkeiten — und jede Unreinigkeit, sie mag heißen wie sie will, ist gefährlich —, da er sich nicht bloß auf der äußeren Fläche ausbreitet, sondern auch in die Poren eindringt. Ihn hieraus zu entfernen, ist sehr schwer. Man sucht daher, wenn es äußerst geht, das lange Lagern der Gußstücke zu vermeiden, besonders aber das Liegen im Freien. Eine sachgemäß angelegte Reinigungswerkstätte muß deshalb über genügend große, gedeckte Räume verfügen, damit auf alle Fälle das zu reinigende Stück sofort trocken bis zu seiner Reinigung aufbewahrt werden kann. Ferner muß die Reinigungsanstalt stets von dem Werkraum, in welchem das Auftragen und Brennen vor sich geht, getrennt sein, da das Arbeiten in ihr nie ohne Staubbildung durchgeführt werden kann.

Das ankommende Gußstück wird nun zunächst untersucht, ob es derart geputzt ist, d. h. von allen Gußgraten und eventuellen Gußbuckeln befreit ist, daß die Oberfläche ein sauberes Aussehen hat und es zum Glühen kommen kann. Zeigen sich noch solche unzulässige Erhöhungen, so werden sie mit dem Hand- oder Luftmeisel sorgfältig und sauber verlaufend entfernt. Dann bringt man das Gußstück in den Brennraum, damit es in einem der Öfen einem Glühprozeß unterworfen wird, der bis zur Rotgluthitze durchzuführen ist und alle verborgenen Fehler aufdeckt, welche vielleicht vorhanden, aber äußerlich vorher nicht zu entdecken waren. So werden vor allem auf diese Weise Schilpen und Blasen gelöst oder aufgetrieben. Es werden aber auch durch dieses Glühen, dem ein langsames Abkühlen folgen muß, Gußspannungen, die oft in gewissen Gußstücken vorhanden sind, entfernt oder doch weitmöglichst unschädlich gemacht. Das so geglühte Stück geht nun wieder zurück in die Reinigungsanstalt, wo die noch allenfallsigen schilpigen oder blasigen Stellen zuerst sauber verputzt werden, so daß dann die eigentliche Reinigung vorgenommen werden kann.

In früheren Zeiten bestand dieselbe ausschließlich nur in einem Beizprozeß. Je nach der Größe der zu emaillierenden Apparateteile bediente man sich großer Bottiche oder gemauerter Bassins, die mit der Beizflüssigkeit angefüllt wurden, und in welche die zu reinigenden Gußstücke, also der beispielsweise gewählte Kessel oder die Schale einzusetzen waren. Die stets, am einfachsten mit Dampf angewärmte Beizflüssigkeit erhielt einen Zusatz von Schwefel- oder Salzsäure. Nach genügender Einwirkung der Beize wurde der Kessel aus dem Behälter herausgenommen und gründlich mittelst Stahlbürsten oder noch besser mittelst eines Sandstrahlgebläses abgefegt.

In neuerer Zeit sieht man vielfach vom Beizprozeß ab. Dafür wendet man dann ein äußerst kräftiges Sandstrahlgebläse allein an, wobei besonders darauf geachtet werden muß, daß der Luftdruck nicht zu gering gewählt wird. Sandstrahlgebläse, wie sie im Gießereibetrieb üblich sind, genügen für die Reinigung nach vorgenommenem Beizen, aber niemals für die mechanische Reinigung allein. Die Wirkung ist dafür zu schwach. Ein solches kräftiges Sandstrahlgebläse säubert ausgezeichnet und vereinfacht bei gleichzeitiger Beschleunigung ungemein den Arbeitsprozeß. Damit durch das Gebläse die meist naheliegenden übrigen Fabrikationsräume, aber auch die bedienenden Arbeiter nicht schädlich wegen der unausbleiblichen Staubentwicklung beeinträchtigt werden, bedient man sich auch besonderer Sandstrahlgebläsehäuser. Es sind dies mehr oder minder große, vollständig dicht abschließbare Räume, derart bemessen, daß sie neben den notwendigen Gebläseapparaten die zu reinigenden Gußstücke aufzunehmen vermögen. Sie sind auch mit Hilfsmitteln, wie Kräne und Drehscheiben, ausgerüstet, damit größere Gegenstände leicht gehandhabt und in der Lage verändert werden können. In diesen abgeschlossenen Gebläsehäusern wird für die Umgebung staublos die Reinigungsarbeit mittelst Sandstrahl vorgenommen.

Ist der Kessel oder die Schale in einer der vorbeschriebenen Weisen gründlich gereinigt, so geht das Gußstück zum Auftragen der Emailmassen nach dem Auftragraum. Dieser Raum ist gewöhnlich mit dem Brennraum aus Zweckmäßigkeitsgründen — die Arbeiten für Auftragen und Brennen sind nicht streng voneinander zu trennen und greifen immer ineinander — in einer großen Arbeitshalle vereinigt. Da die Apparate der chemischen Industrie mit der Zeit gewaltige Dimensionen angenommen haben, so sind auch bei den säurebeständig emaillierten Apparaten große Stücke, wobei Gewichte von 7000—8000 kg keine Seltenheiten mehr sind, zu bewegen, was nur mittelst Gleisen und geeigneten Hebezeugen, wie Schwenk- und Laufkräne, leicht bewerkstelligt werden kann. Die Auftrag- und Brennhalle ist daher in der Regel ein hoher Raum, der aber auch

unter gleichzeitiger Berücksichtigung ihrer Konstruktion. 59

deshalb nötig ist, weil der Ofenbetrieb eine sonst unerträgliche Hitze entwickelte.

Im Auftragraum erhält nun der gereinigte Kessel zunächst den ersten Auftrag Emailmasse, und zwar den der Grundmasse. Dieser Auftrag ist naß, weshalb das fertig grundierte Stück getrocknet werden muß. Das Trocknen geschieht am einfachsten auf Trockenplatten, die man zur leichteren Bedienung in den Fußboden einlegt und aus ökonomischen Gründen mit der Abwärme (abziehende Heizgase) der Brennöfen heizt. Man kann den nassen Auftrag von Hand oder durch Spritz-, apparate vornehmen. Die Handarbeit ist noch immer sehr beliebt, weil sie bei der Vielgestaltigkeit der Apparateteile nicht ganz zu entbehren ist. Der Grundmasseauftrag wird oft wiederholt. Nach der Grundierung folgt der Naßauftrag des Deckemails. Das Gußstück muß dabei leicht gehandhabt, gedreht, gewendet, umgestülpt werden können, weshalb bei kleinen Stücken die vorhandenen Kräne zu Hilfe genommen werden. Der Deckmassenauftrag erfolgt mindestens immer doppelt, manchmal, besonders bei nicht ganz einwandfreier Schmelzung, auch in weiteren Auflagen. Dem jedesmaligen Naßauftrag muß jedesmaliges Trocknen folgen, bevor er zum Brennen kommt.

Zum Schlusse wird noch eine Lage Glasurmasse aufgetragen, die als Puderung erfolgt. Selbstverständlich muß auch diese Puderung wiederholt werden, wenn deren Schmelzung nicht ganz tadellos sich erweist.

Jeder Auftrag muß nach erfolgter Trocknung dem Schmelzprozeß unterworfen werden. Das getrocknete Gußstück wandert daher von Auftrag zu Auftrag immer wieder in den Brennraum zum Brennen. Schon aus diesem Grunde ist es ersichtlich, wie zweckdienlich es ist, Auftrag- und Brennraum in eine Werkhalle vereinigt oder doch dicht nebeneinander anzuordnen. Befaßt sich ein Emaillierwerk mit der Herstellung großer säurebeständig emaillierter Apparate, so muß es außer kleineren und mittelgroßen auch sehr große Brennöfen besitzen. Um welche Größen es sich da handelt, wird erst klar, wenn man sich vergegenwärtigt, daß schon vor mehr als fünfzehn Jahren das älteste und größte Emaillierwerk Deutschlands säurebeständig emaillierte Zylinder, Gefäße und Kessel von über $2\frac{1}{4}$ m Durchmesser und über 3 m Länge angefertigt hat. Da die Brennöfen Muffelöfen sein müssen, so muß man sich die Größe des Muffelraumes vorstellen, über welche diese Brennöfen verfügen. Es sind gewaltige Öfen, um welche es sich hier handelt. Muffelöfen sind deshalb erforderlich, weil das Brenngut, also der zu emaillierende Gegenstand, nicht verunreinigt werden und infolgedessen mit den Heizgasen in keinerlei direkte Berührung kommen darf. Die Öfen besitzen fast durchweg praktisch erprobte Generatorfeuerungen. Die Beschickung der Emaillieröfen erfolgt durch bewährte

Beschickungsvorrichtungen, die ebensogut rollende Wagen wie hängende Chargiervorrichtungen sein können. Das Brennen ist einer der wichtigsten und schwierigsten Arbeitsvorgänge und in erster Linie eine Sache langjähriger Erfahrungen. Das Brennen der Grundmasse verlangt eine andere, und zwar höhere Temperatur als das Brennen der Deckmasse und die Brenntemperatur dieser ist wiederum höher wie diejenige der Glasurmasse. Diese stufenweise Abnahme der Temperaturen bewirkt, daß die lagenweise aufeinander aufgetragenen, verschiedenen drei Emailmassen, von welchen jede neue Lage im Brennofen auf Schmelztemperatur gebracht wird, sich gut miteinander verbinden. Es wird immer eine Lage auf der anderen verschmolzen, so daß zum Schluß alle Lagen oder Aufträge miteinander wie eine Schmelzmasse, festgebrannt auf der Gußfläche des zu emaillierenden Stückes, aufzufassen sind.

Wenn man diese Vorgänge genau verfolgt und dabei beachtet, daß die Grundmasse unter den verschiedenen Emailmassen die höchste Schmelztemperatur besitzt, dabei aber immer noch so viel unter derjenigen des Gußeisens liegt, und daß dieses unter der hohen Schmelztemperatur nicht leidet, sondern nur hellrot glühend wird, so ist wieder die große Bedeutung zu erkennen, die der Grundmasse zuzumessen ist. Es wird sofort klar, daß der große Unterschied der Wärmeausdehnung von Eisen und Emailmassen und die damit verbundene Gefahr des Abreißens nur durch die der Grundmasse eigenartige vermittelnde Eigenschaft überwunden wird.

Noch eine Möglichkeit besteht, diese Gefahr weiter zu verringern, vielleicht sie so gut wie ganz zu beseitigen, wenn es der Eisengießerei gelingt, ein Gußeisen herzustellen und dem Emaillierwerk zu liefern, **das einen möglichst kleinen Wärmeausdehnungskoeffizienten aufweist, wenn möglich einen solchen, der der Grundmasse gleichkommt. Diesem Ziel wird überhaupt die Emailtechnik zustreben müssen und dasjenige Werk, welches dasselbe erreicht, wird das beste und dauerhafteste Email liefern und damit der chemischen Industrie den idealsten Apparat zu geben vermögen.**

Es ist schon früher ausgeführt worden, daß es der Emailindustrie gelungen ist, ein auf Gußeisen gut haftendes säurebeständiges Email herzustellen, und daß gerade die Fabrikation den besten Beweis der Zuverlässigkeit liefert, würde doch sonst das Email schon bei jedem Brand, dem es ausgesetzt wird, und wobei das zu emaillierende Stück von Temperaturen, die viele Hunderte von Grad messen und dann immer wieder auf die gewöhnliche Lufttemperatur herabsinken müssen, unbedingt abspringen. Diesen gewaltigen Temperaturdifferenzen ist jedes zu emaillierende Stück nicht einmal, sondern vier- bis fünfmal und oft noch mehr während der Fabrikation ausgesetzt. Wenn daher die Emailindustrie längst schon einen durchaus zufriedenstellenden, säurebeständig emaillierten Apparat anzufertigen vermag, so darf trotzdem ausgesprochen werden, daß diese **Zuverlässigkeit bei demjenigen Fabrikat um so größer sein wird, bei welchem der Unterschied der Wärmeausdehnung zwischen dem zur Verwendung kommenden Gußeisen und der Emaildecke am geringsten ist.**

Ist die letzte Emaillage im Brennen bei dem bisher im Emaillierprozeß verfolgten Kessel gelungen und das Stück in der ganzen Emaillierung einwandfrei, so kann es, wenn eine weitere Arbeit an demselben nicht mehr vorzunehmen ist, wie dies ja bei den Kesseln nach Abb. 5 oder den Schalen nach Abb. 6 der Fall ist, als fertig gelten. Es wird dann das Stück sorgfältig vom Betriebsleiter auf eventuelle Emailfehler, die nicht ohne weiteres immer, wie bekannt, ersichtlich sind, untersucht und kommt nach Gutbefund in den Expeditionsraum, um dort gelagert bzw. verpackt und versandt zu werden.

Handelt es sich aber um kompliziertere Stücke, die neben der Emaillierung auch der **Bearbeitung** und oft auch der **Zusammenpassung** und **Montage** mit anderen Teilen bedürfen, so muß überlegt werden, wie die Stücke am zweckmäßigsten durch die verschiedenen Fabrikationsabteilungen gehen.

Wie wären z. B. die Arbeitsvorgänge bei den Dampfkochkesseln nach Abb. 8 und 10 oder bei den Abdampfschalen nach Abb. 12 zu wählen? Was die zu emaillierenden Innenkessel anbetrifft, werden diese zuerst nach dem Emaillierwerk gebracht und dort in der Emaillierung vollständig fertiggestellt. Hierauf gehen sie nach der Maschinenfabrik, damit dort der Mantelflansch bearbeitet, d. h. gedreht und gebohrt werden kann. Die Bohrung erfolgt nach dem bereits fertig bearbeiteten Dampfmantelflansch. Man kann aber auch das Bohren beider Flanschen auf einmal erledigen, indem man den Innenkessel in den Dampfmantel einsetzt und so die Bohrarbeit an dem zusammengebauten Dampfkochkessel vornimmt. Nur bei diesen Arbeitsfolgen ist ein gutes Zusammenpassen und Dichten der Flanschen gesichert, während eine Bearbeitung des Flansches am Innenkessel vor dem Emaillieren ein Verziehen während des wiederholten Brennens zur Folge hätte, so daß ein Aufeinanderpassen von Innenkessel und Mantel später aller Voraussicht nach ausgeschlossen wäre. Selbstverständlich werden Kessel und Mantel nach dem Zusammenbauen auch der Druckprobe unterworfen.

Kochkessel oder Abdampfschalen nach Abb. 9, 11, oder 13 können nicht auf gleiche Weise durch die Fabrikationsabteilungen gehen wie die vorgenannten, sehr ähnlichen Apparate. So kann vorgeschrieben werden, daß der Innenkesselflansch nach außen abgedreht werden soll, damit er nach dem Emaillieren eine möglichst genaue Auflagerung für die Schrauben sichert. Es ist dies nicht absolut nötig, denn man kann bei einem sauber gegossenen Flansch derartige Bearbeitung ersparen und durch Verwendung von Unterlagscheiben und elastischen Dichtungen, z. B. Asbestringen, kleine Unebenheiten leicht ausgleichen. Ist diese Flanschbearbeitung nicht vorgeschrieben, so ist dennoch das Verbringen des Innenkessels nach der Maschinenfabrik vor dem Emaillieren notwendig, da er v o r der Emaillierung gebohrt werden muß. Das Bohren eines emaillierten Flansches ist stets mit Schwierigkeiten verbunden und führt oft trotz aller Vorsicht zum Abspringen des Emails. Das Emaillieren des Flansches ist aber an der Außenseite unvermeidlich, da er dort des Schutzes gegen überlaufende Säure usw. bedarf. Man ersieht also, daß der Innenkessel im vorliegenden Falle unbedingt zuerst von der Gießerei nach der Maschinenfabrik muß, damit der Flansch a u ß e n abgedreht und gebohrt werden kann, dann erst geht er nach dem Emaillierwerk und nach vollendeter Emaillierung wieder zurück nach der Maschinenfabrik, um dort fertiggestellt zu werden. Diese Fertigstellung besteht dann wieder aus dem Abdrehen des Kesselflansches i n n e n, d. h. auf der Mantelseite, worauf das Zusammenpassen mit dem Dampfmantel und die Druckprobe erfolgt. Bemerkenswert ist für diesen Fall auch noch, daß der Dampfmantel nach dem Innenkessel zu bohren ist, denn es muß damit gerechnet werden, daß der Kesselflansch sich beim Emaillieren in der Hitze etwas verziehen kann.

Greift man nun z. B. ein Rührwerk nach Abb. 17 oder 18 heraus, so ist auch hier wieder bei jedem einzelnen Stück die zweckmäßigste Arbeitsweise zu ermitteln. Eine Stopfbüchse kann immer erst n a c h dem Emaillieren fertig bearbeitet werden, ebenso auch der Rührer. Man muß bei Bestimmung der besten Arbeitsmethoden nie das einzelne Stück allein ins Auge fassen, sondern immer im Zusammenhang mit den anderen, vor allem mit denjenigen, mit welchen es zusammenzupassen oder zusammenzubauen ist.

Um nicht zu weit abschweifen zu müssen, sollen im nachfolgenden besonders wichtige Teile der komplizierteren Apparate näher ins Auge gefaßt werden, an deren Arbeitsweise vieles ersehen und erlernt werden kann, so daß für andere, hier nicht weiter behandelte Teile es ein leichtes sein wird, alles Wissenswerte bei Bedarf selbst festzustellen.

E m a i l l i e r t e R ü h r e r sind oft ganz besonders schwierig herzustellen. Hat man Rührer, die einen unbearbeiteten Schaft besitzen, so lassen sie sich in der Regel unter Benutzung eines geeigneten Stativs aufrecht stellen. Der Emailüberzug wird dann tadellos ausfallen. Das geht aber nicht immer. Oft besitzt der Rührer durch seine Form oder Länge die unangenehme Eigenschaft, sich in der großen Hitze des Brennofens nach einer Seite zu neigen. Er wird also krumm. Oder aber der Rührer hat gar keinen unbearbeiteten Schaftteil. Er wird vollständig emailliert, und der Schaft wird besonders eingesetzt. In solchen Fällen muß der Rührer, besonders wenn er schwer ist, meistens gelegt werden. Um ihn aber dann trotzdem einwandfrei überall mit Email überziehen zu können, wird er auf scharfkantige Porzellan- oder Schamottelager aufgelegt, wobei bei jedem neuen Brennprozeß die Auflagestellen gewechselt werden und der Rührer in seiner Lage verändert wird. Das eine ist nötig, um die Stellen, welche im ersten Brand zur Auflage dienten, im zweiten als Auflage zu vermeiden usw., so daß jede Auflagestelle ihren Emailüberzug erhält. Das andere ist erforderlich, damit das in der starken Hitze sich leicht durchbiegende oder deformierte Stück sich immer wieder in seine ursprüngliche gute Form zurückfindet. Erklärlich wird nun sein, daß die letztbenutzten Auflagestellen nicht glatt und sauber aussehen können. Sie haben oft sogar ein rauhes, grobfügiges Gepräge, welches von dem Schamottelager herrührt, die meist etwas von ihrer Masse an das zu emaillierende Stück ablassen. Es sind dies dann lediglich Schönheitsfehler, keine schwachen, zu beanstandenden Stellen, die das Stück minderwertig machen, wie der Unerfahrene anzunehmen sich berechtigt glaubt; denn diese Stellen haben ihren mehrfachen Emailüberzug, und lediglich nur der letzte und unbedeutendere leidet etwas in seinem Aussehen durch die nicht zu vermeidende Auflagerung.

Ähnlich wie bei den Rührern sind oft auch Strombrecher (siehe Abb. 15), wenn sie eine außerordentliche Länge haben oder innen und außen emaillierte Abdrückrohre, zu behandeln. Es gibt aber auch noch andere Gegenstände, die bisweilen allseitig zu emaillieren sind, so daß beim Brennen ein Auflegen an mehreren Stellen notwendig wird. Das Emaillierwerk arbeitet dann immer in der gleichen Weise, und man hat als Abnehmer solche emaillierte Stücke auch stets in derselben Weise zu beurteilen.

Wenn die Zerlegung eines Rührers in Schaft und Rührerunterteil nicht unbedingt nötig ist, so tut man dies nicht. Kleinere oder mittlere Rührer läßt man am besten immer in e i n e m Stück, größere werden oft aus Gründen der Festigkeit oder der Ökonomie geteilt. Der Rührer aus einem Stück ist nur soweit emaillierfähig, als er im Behälterraum liegt, der Schaft bleibt ohne Emailüberzug, weil er abgedreht werden muß. Ein emaillierter Schaft könnte nicht in eisernen oder metallenen Lagern laufen, man würde auch beim Durchführen durch eine Stopfbüchse keine Dichtigkeit erzielen. Beim geteilten Rührer macht man den bearbeiteten Schaft aus Schmiedeeisen oder Stahl. Dieser wird mittelst

Gewinde, seltener durch Konus und Keil in den emaillierten Rührerunterteil eingesetzt, so daß sie leicht voneinander getrennt werden können und der Schaft immer wieder Verwendung finden kann. Die Befestigung mittelst Gewinde ist vorzuziehen, da sie sich vorzüglich sichern läßt und so gut wie keine Angriffsstelle für chemische Angriffe bietet.

Eine der schwierigsten Aufgaben, die der Konstrukteur und Monteur beim säurebeständig emaillierten Rührapparat zu lösen hat, ist, die am Austritt des Rührers aus der Stopfbüchse dem chemischen Angriff ausgesetzte, nicht emaillierte Stelle möglichst gering zu bemessen. Dies kann geschehen durch ein sorgfältiges Bearbeiten von Stopfbüchsentopf und Rührer, wodurch deren beiderseitige Annäherung im Behälterraum unmittelbar am unteren Stopfbüchsenausgang auf ein Minimum gebracht werden kann. Es ist klar, daß man an dieser Stelle nicht ganz den beabsichtigten Erfolg erzielt, allein man kann meistens darauf zählen, daß in dieser oberen Zone der Angriff sehr gering ist, und wo dies nicht der Fall sein soll, muß man dann mit einer von Zeit zu Zeit notwendig werdenden Auswechselung des Rührers rechnen. Diese wunde Stelle ist leider beim Rührapparat niemals ganz zu beseitigen.

Die Rührerausführungen richten sich stets nach den gestellten Anforderungen. Es sollen hier die Haupttypen näher beschrieben werden. Man wendet als einfachsten den sogenannten F l ü g e l r ü h r e r an, wie ihn z. B. der Apparat Abb. 18 zeigt. Bei dieser Art von Rührern ist aber, wenn man nicht Strombrecher zur Anwendung bringt, sehr leicht zu befürchten, daß der ganze Kesselinhalt nach einiger Zeit des Umrührens dieselbe Drehrichtung und Umdrehungsgeschwindigkeit annimmt wie der Rührer. Die Folge davon ist, daß der Inhalt nicht gut durchgearbeitet wird. Strombrecher kann aber nicht jeder Kesselinhalt vertragen, sie sind in ihrer Wirkung nicht immer erwünscht.

Ein intensiveres Durcheinanderschaffen des Behälterinhaltes wird mit dem S c h a u f e l r ü h r e r erzielt. Bei diesem werden die Flügel gegenseitig im Winkel verstellt, so daß beim Durchlaufen des Kesselinhaltes dieser pflugscharartig von jeder Flügelhälfte durchschnitten und wie mit Schaufeln durcheinandergeworfen wird. Noch mehr tritt diese Arbeitsweise ein, wenn bei diesen Schaufelrührern außer den Bodenflügeln einige weitere Flügelarme aufgesetzt werden, wie es z. B. Abb. 17 zeigt. Wendet man außerdem noch Strombrecher an, wie dies beim Apparat Abb. 15 der Fall ist, dann erreicht man eine ausgezeichnet Mischung des Kesselinhaltes.

Es gibt natürlich die verschiedenartigsten Ausbildungen bei den Schaufelrührern, vor allem was die Schaufelform und Schaufelzahl betrifft. Es kann hier auch nicht annähernd auf die gebräuchlichsten eingegangen werden, aber eine Art dieser Rührer verdient hier noch besonderer Erwähnung. Es ist dies der **Quirl- oder Schraubenrührer**. In Abb. 14 und 19 sind solche abgebildet. Sie haben meistens nur am unteren Ende eine Art Schiffsschraube als Rührflügel. Während fast alle anderen Rührersysteme eine geringe Umdrehungszahl erhalten, um mischend zu wirken, läßt man diese Rührerart selten unter 150 Umdrehungen machen. Ihre Wirkung ist überall da vorzüglich, wo es sich um eine intensive Vermischung möglichst leichtflüssiger Inhalte handelt, da die Wirkung sich nicht allein auf den Umfang, sondern auch auf die ganze Behälterhöhe erstreckt. Der Rührer übt je nach Umlaufsrichtung eine in der Mitte von oben nach unten saugende oder umgekehrte Wirkung aus, wodurch ein starker Kreislauf des Kesselinhaltes von oben nach unten und von unten nach oben vor sich geht.

Eine gute Verlagerung der Rührer ist eine Notwendigkeit, weshalb jeder Rührerschaft immer mindestens doppelt gelagert werden muß. Den emaillierten Rührer führt man aber stets freihängend aus, niemals darf man für denselben eine Lager- oder Stützstelle im Kesselinnern vorsehen, wenn anders man nicht den Zweck des innen vollständig durch säurebeständigen Emailüberzug geschützten Apparates illusorisch machen will.

Ferner kann man mit jedem Rührer eine ganz einfache Vorrichtung verbinden, die der Verunreinigung des Kesselinhaltes durch Ölaustritt aus der Stopfbüchse, was oft von größter Wichtigkeit ist, entgegensteuert. Man hat in solchem Falle nur am oberen Rührerschaft, und zwar an der Stelle, die etwas unterhalb der Stopfbüchse liegt, eine Art Auffangschale anzugießen, wie dies z. B. der Apparat Abb. 22 deutlich zeigt.

Alle die vorgenannten Rührerkonstruktionen sind, wenn auch oft mit Überwindung von Schwierigkeiten, einwandfrei säurebeständig zu emaillieren. Jeder der Rührer muß möglichst zentrisch nach Einbau in den Apparat laufen, daher muß der Schaft gerade bleiben, er darf sich nicht nach dem Brennen verziehen bzw. nach dem letzten Brand verzogen sein. Dies gilt vor allem für den Quirl- oder Schraubenrührer, der sonst bei seiner hohen Umdrehungszahl einer zentrifugalen Kraftwirkung ausgesetzt wird, die ein gefährliches Schlinkern oder Peitschen des Rührers hervorruft. Aber auch die langsam laufenden Flügel- oder Schaufelrührer müssen möglichst zentrischen Lauf haben, auch dürfen sich die äußeren Flügel (Bodenflügel) nicht nach dem letzten Brand verwerfen, da sie sonst trotz vorgesehenem Spielraum zwischen Kesselwandung und Flügel zum unzulässigen Anlaufen an die Behälterwandung kommen. Es ist daher nicht allein der Betriebsleiter des Emaillierwerkes gezwungen, diesen Schwierigkeiten beim Brennen zu begegnen, sondern es erwächst auch für den Konstrukteur die wichtige Aufgabe, diese Schwierigkeiten auf ein Minimum zu beschränken.

Das geschieht, indem eine möglichst günstige Materialverteilung an den Rührern vorgesehen wird. Der gegenüber den Flügeln oder Schaufeln viel stärkere Schaft bleibt nach dem Brennen länger heiß wie die übrigen rasch erkaltenden Rührerteile; daher muß für allmähliche Übergänge vom Schaft nach diesem gesorgt werden. Lange Flügel müssen, wenn angängig, durch allmählich verlaufende Rippen verstärkt werden. Bei Beachtung dieser Winke kann der Fabrikation manche Erleichterung

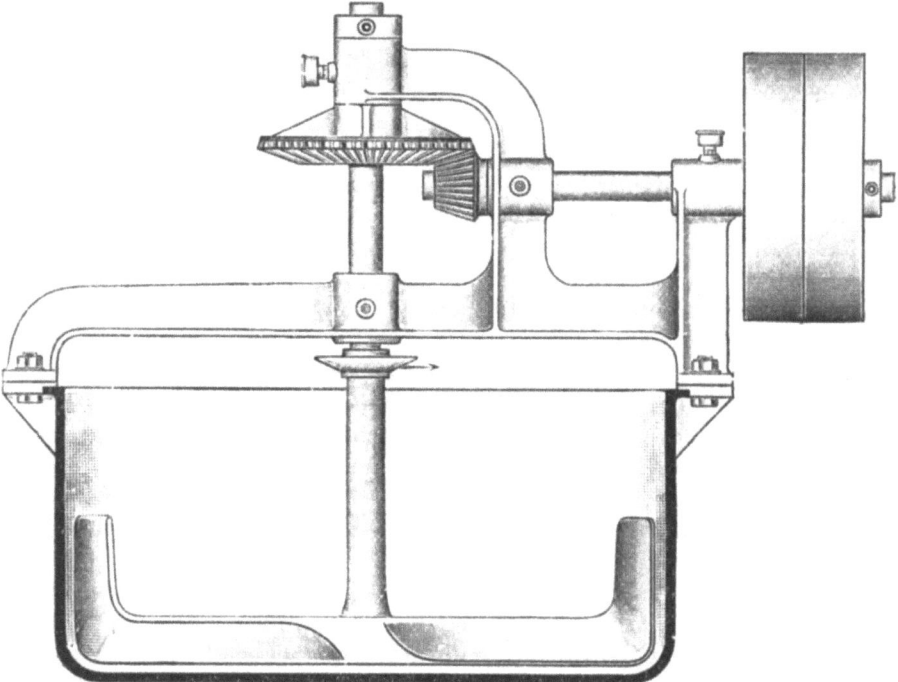

Abb. 22. Offenes Rührwerk mit einem innen säurebeständig emaillierten Kessel und Schaufelrührer, an welch letzterem zum Auffangen des herunterlaufenden Schmieröles eine emaillierte Auffangeschale angebracht ist.

geboten, auch können bisweilen dadurch unüberwindliche Schwierigkeiten aus dem Wege geräumt werden.

Der Emailindustrie ist es gelungen auch in bezug auf die Größe der Apparate so ziemlich allen Anforderungen, welche die chemische Industrie im Laufe der Zeit stellte, Herr zu werden. Apparate von 10—15 000 l Inhalt und, wenn solche zweiteilig ausgeführt werden, mit noch größerem Fassungsraum, sind keine Seltenheit mehr. Die Flanschverbindungen bieten keine Schwierigkeiten, da man stets, wenn nicht ganz gewichtige Gründe dagegen sprechen, alle Flanschen über ihre Dichtungsflächen gut emaillieren kann und als guten Abschluß zwischen denselben eine entsprechende, dem jeweiligen chemischen Angriff gewachsene Dichtung, wie z. B. Asbest, oft auch Klingerit u. a., verwendet. Es können bei hohen Betriebsdrucken auch Vertiefung im einen, Vorsprung im anderen Flansch, ähnlich der Nut und Feder, ein- bzw. angegossen werden, die dann überemailliert werden und mit Verwendung einer weichen, elastischen Dichtung, welche sich gut in die Dichtungsrinne des einen Flansches einpressen läßt, einen vorzüglichen Abschluß gewährleisten. Diese Flanschverbindungen werden zwischen Kesselteilen unter sich wie auch zwischen Kesseln und Deckeln zur Anwendung gebracht.

Die Ausrüstung der Apparate verlangt oft sehr komplizierte Deckel mit vielen aufgesetzten Rohrstutzen und Augen. Wenn solche Deckel dann noch hohen Betriebsdrucken ausgesetzt werden, so fordern diese Stücke in bezug auf die Emaillierung eine erstklassige Arbeit. Sie verlangen aber auch Beachtung bezüglich ihrer Konstruktion. Es ist darauf zu sehen, wie dies schon bei den Rührern der Fall war und sich auch bei allen Übergängen anderer Art empfiehlt, daß die auf dem Deckel sitzenden Aufsätze, Rohrstutzen oder Augen keine Materialanhäufung ergeben. Überall muß man auf gute, möglichst gleichmäßige Materialverteilung sehen, und wo dies nicht möglich ist und die Wandstärkenverhältnisse wechseln, sind weiche, allmähliche Übergänge herzustellen. Plötzlich eintretende Wandverstärkungen sind stets gefährlich, da starke Materialteile nach Verlassen der Brennöfen länger heiß bleiben und die Emaildecke an diesen Stellen weich erhalten, während die Emailpartien der schwächeren Materialteile schon erkaltet und erstarrt sind. Die Folge ist ein Zerreißen der Emaildecke. Ebenso ist es bei plötzlichen Übergängen von einer Richtung in eine stark abweichende. Bei den verschiedenartigen Wärmeausdehnungseigenschaften von Gußeisen und Email muß dieser Verschiedenartigkeit möglichst Rechnung getragen werden. Hat man bei solchen Übergängen möglichst große Rundungen bei guter Materialverteilung vorgesehen, so kann man es leicht erreichen, daß das Email dem Gußeisen in seinen Bewegungen beim Brennen und nachfolgenden Erkalten folgen kann, so daß ein Reißen der Emailüberzuges vermieden bleibt.

Die Bearbeitung eines säurebeständig zu emaillierenden Deckels muß meistens teils vor, teils nach dem Emaillieren vorgenommen werden. So müssen die über die Flanschen zu emaillierenden Rohrstutzen sowie auch der Deckelflansch zuerst gedreht und gebohrt werden, worauf erst die Emaillierung vorzunehmen ist. Hierauf muß der Deckel wieder zur Maschinenfabrik, damit z. B., wenn ein Rührapparat in Betracht kommt, neben der Sattelfläche für den Sitz des Rührerbockes auch die Stopfbüchse bearbeitet werden kann.

Außer den bis jetzt ausgeführten Apparateteilen benötigt man zu den in der chemischen Industrie gebräuchlichsten Apparaten noch einige Teile, die, wenn vielleicht auch etwas weniger häufig benötigt werden wie die voraufgezählten, aber trotzdem nicht minder wichtig anzusehen sind.

Da sind z. B. die **Abdruckrohre** zu nennen, welche, durch einen Deckelstutzen eingeführt, bis zum tiefsten Punkt des Kesselbodens reichen müssen. Solche Röhren müssen, soweit sie in das Behälterinnere hineinragen, sowohl innen wie außen säurebeständig emailliert werden. Man gibt diesen Röhren je nach Längen ihre lichten Durchmesser und hat dabei den Standpunkt zu wahren, daß sie bezüglich Länge und Durchmesser sowohl gießereitechnisch wie auch emailtechnisch keine Schwierigkeiten, die unüberwindlich sind, bieten dürfen. Das letztere ist so lange der Fall, als man noch ein sicheres Auflegen der Emailmassen und ein gutes Kontrollieren dieser Aufträge durchzuführen vermag. Man kann z. B. Rohre von 40 mm lichtem Durchmesser bei etwa 0,6 m Länge, Rohre von 80 mm lichtem Durchmesser bis ungefähr 1,5 m Länge und Rohre von 100 mm lichtem Durchmesser bei 2 m Länge noch gut emaillieren. Die Geschicklichkeit der auftragenden Emailarbeiter spielt bei solchen Arbeiten eine große Rolle und bestimmt, wie man aus den mitgeteilten Dimensionen sieht, die Abmessungen, da diese für die Gießerei noch nicht die äußersten Grenzen bedeuten.

Dann hat man sehr oft bei Destillierapparaten **widerstandsfähige Kühlschlangen** nötig. Auch diese sind mit säurebeständiger Emaillierung durchführbar. Allerdings ist dann die Schlange aus einer durch ihre Länge bestimmten Anzahl Rohrteilen zusammengesetzt, denn auch hier gilt, daß ein gut emailliertes Rohrstück nur dann möglich ist, wenn man es noch kontrollierbar beim Emaillieren auftragen kann. Schlangen aus einem Stück wären aber auch deshalb unmöglich zu emaillieren, gleichgültig ob innen oder außen, weil sie sich in der Hitze verziehen und vollständig verwerfen würden. Sie müssen daher in kleinere Stücke zerlegt werden. Die meisten Schlangen sind innen zu emaillieren. Der Auftragsprozeß und die Kontrolle bedingen dann ein gutes Beikommen an jede innere Rohrstelle. Die säurebeständig emaillierte Rohrschlange wird deshalb aus einzelnen Gußkrümmern und Gußrohrstücken zusammengesetzt, wie z. B. es die Destillationsanlagen Abb. 20 und 21 veranschaulichen. Man kann auf diese Weise in praktisch möglichen Grenzen jede beliebige Kühlfläche erhalten. Kleinere lichte Rohrdurchmesser bedingen kleine Rohrlängen, größere erlauben längere gerade Rohrstücke. Die Doppelkrümmer bemißt man wie zwei zusammengesetzte Normalkrümmer. Die Flanschverbindungen müssen natürlich mit in Kauf genommen werden. Als Dichtungsmaterial wählt man entsprechend widerstandsfähiges Material. Die einzelnen horizontalen Rohrläufe werden bei großen Längen und großer Kühlfläche am besten gegeneinander abgestützt, die unterste gegen den Boden des Kühlgefäßes, wie dies z. B. die Kühlschlange in der Destillieranlage Abb. 23 zeigt, bei welcher übrigens von der Destillierblase bis zur Vorlage alle Teile innen säurebeständig emailliert sind.

Die Anbringung von Schaugläsern zur Beobachtung von gewissen Vorgängen im Innern von Gefäßen macht bei säurebeständig emaillierten Apparaten keine Schwierigkeiten. Man kann derartige Vorrichtungen wie Glasglocken und Glasscheiben an den Apparaturen der Abb. 16, 20 und 23 beobachten.

Oft ist die Temperaturmessung im Innern gewisser dicht abgeschlossener Gefäße notwendig. Zu diesem Zwecke werden zur Einführung von Thermometern entsprechend lange, nach unten geschlossene Schutzrohre, die dann außen vollständig zu emaillieren sind, in den Kesselraum eingehängt (vgl. hierzu Abb. 16, 17 und 18). Diese sogenannten T h e r m o m e t e r r o h r e dürfen nicht starkwandig sein, da sie die Temperaturen rasch und möglichst unverändert dem Thermometer übermitteln sollen. Aus diesem Grunde sind hier Gußrohre nicht gut verwendbar, da ihre Wandstärken zu stark ausfallen. Gießereitechnisch ist dies unvermeidbar. Außer der guten Wärmetransmission müssen die Thermometerrohre aber auch eine große Widerstandsfähigkeit haben, da bei den meisten Rührapparaten durch die Bewegung des Kesselinhaltes die Rohre auf Abbiegen beansprucht werden. Um deshalb ein dünnwandiges und doch gegen Abbiegen genügend starkes Rohr zu erhalten, ist man gezwungen, zu schmiedeeisernen Rohren zu greifen. Dieselben werden am oberen Ende mit aufgeschweißtem Flansch versehen und am unteren Ende zugeschweißt. Da bekanntlich Schmiedeeisen nicht in derselben vorzüglichen Weise wie Gußeisen säurebeständig emailliert werden kann, wählt man eine andere Art der Emaillierung, die auf Schmiedeeisen haftet. Sie ist natürlich nicht von gleicher Güte, aber im vorliegenden Falle, wo Gußeisen nicht gut verwendbar ist, greift man zu dem kleineren Übel und rechnet mit dem mehr oder minder raschen Verschleiß und der damit verbundenen Auswechslung, wenn das Email durch den Angriff gelitten hat. Das Wertobjekt ist in diesem Falle nicht sehr groß, und der Zweck wird für gewisse Zeiträume vollständig erreicht.

Wie weit die Emailindustrie der chemischen Industrie zu entsprechen vermag, kann man auch aus dem Bau von säurebeständig emaillierten N u t s c h e n - oder S a u g - und D r u c k f i l t e r a p p a r a t e n ersehen. In Abb. 24 ist ein Saug- und Druckfilter dargestellt der innen vollständig säurebeständig emailliert ist. Als schwierigstes Stück ist leicht die allseitig e m a i l l i e r t e F i l t e r p l a t t e zu er-

70 Die Fabrikation säurebeständig emaillierter Apparate

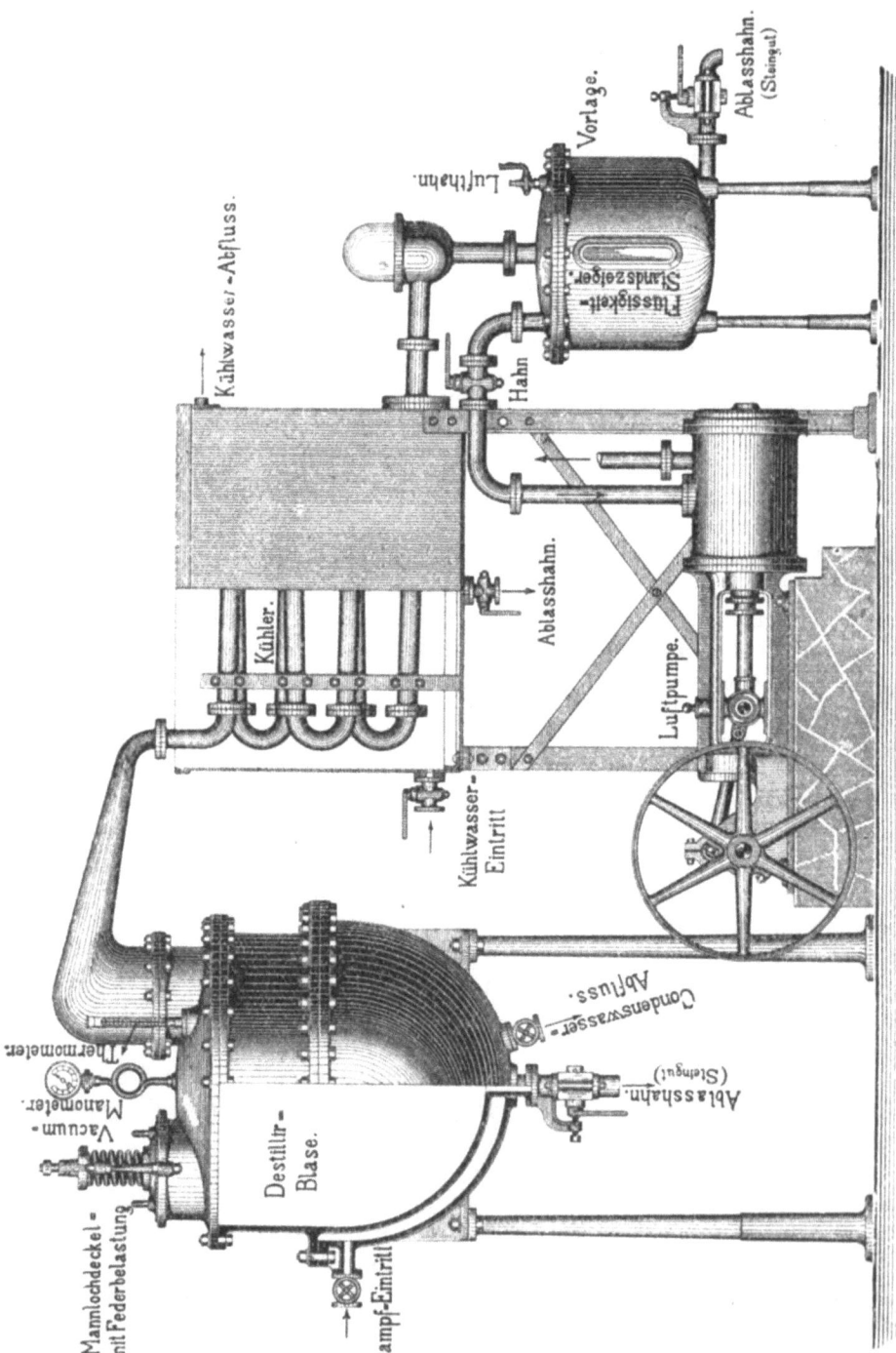

Abb. 23. Komplette Destillationsanlage mit durch Dampfmantel geheiztem Destillierkessel, Kühler und Vorlage, die mit Luftpumpe zum Evakuieren in Verbindung steht; alle Apparateteile innen säurebeständig emailliert. Die Ablaßhähne von Destillierblase und Vorlage sind Steingutbähne mit säurebeständig emaillierter Armierung.

unter gleichzeitiger Berücksichtigung ihrer Konstruktion. 71

kennen. Solche Platten können je nach ihren Stärken, die wiederum abhängig von der Beanspruchung sind, welchen sie ausgesetzt werden müssen, mit mindestens 7—8 mm Rundlochung im rohen Zustand hergestellt werden. Emailliert ist dann der lichte Durchmesser der Perforierung zirka 3—4 mm. Die Platten werden beim Auftragen und Brennen auf mindestens drei Punkten aufgelegt, die bei jedem neuen Auftrag wechseln, so daß zuletzt nur einige unschön aussehende Stellen

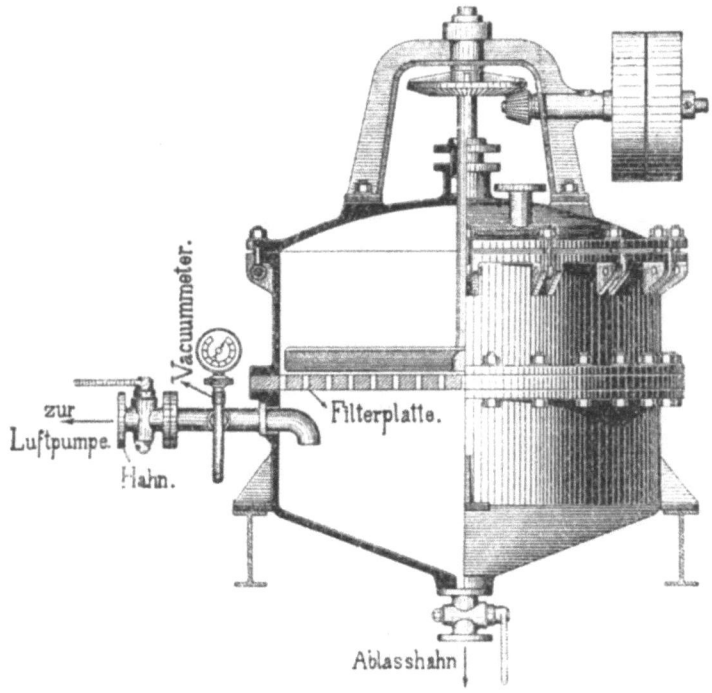

Abb. 24. Saug- und Druckfiltrierapparat mit Rührer, innen vollständig säurebeständig emailliert, auch die perforierte Filterplatte.

zurückbleiben, die also keinen Grund zu Befürchtungen und zur Beanstandung geben.

Infolge der Unmöglichkeit, Schmiedeeisen, Stahl oder Stahlguß ebensogut und dauerhaft säurebeständig emaillieren zu können wie Gußeisen, ist man bei Apparaten, die mit besonders hohen Drucken arbeiten, und bei welchen man daher Gußeisen der zu starken Wandungen und des zu großen Gewichtes wegen gern vermeidet, auf eine sehr einfache Weise zu einer vorzüglichen Lösung der schwierigen Aufgabe, auch hier das säurebeständige Email benützen zu können, gekommen. Man verwendet für den hochbeanspruchten Kessel z. B. Stahlguß und versieht denselben mit einem dünnwandigen gußeisernen Einsatz, der innen säurebeständig emailliert wird. Er paßt sich genau der Innenform an mit einem kleinen Spielraum von mehreren Mililmetern, der nach dem Einsetzen leicht meßbar und allseitig daher gleichmäßig verteilt werden kann. Damit dieser Spielraum auch am Boden, wo keine Kontrolle möglich ist, gesichert ist, versieht man den Einsatz an seinem Boden außen mit einigen (mindestens drei) angegossenen Vorsprüngen, deren Höhe gleich der Spielraumweite ist. Der Einsatz kann also sich niemals ganz aufsetzen, sondern ergibt auch am Boden denselben Spielraum wie seitlich. Dieser zwischen Einsatz und Kessel bestehende freie Raum wird am einfachsten mit Blei oder einer noch leichter schmelzbaren Legierung ausgegossen. Damit der obere Rand des Einsatzes, der durch den Bleiausguß niemals vollständig zu schützen ist, jedoch vor chemischem Angriff bewahrt bleibt, einen einwandfreien Schutz vor zerstörender Einwirkung erhält, wird er gut säurebeständig überemailliert.

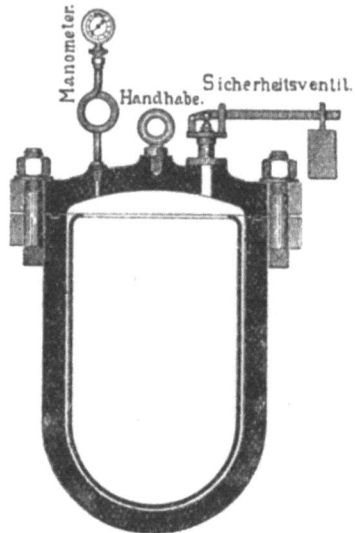

Abb. 25. Autoklav für kalte Arbeitsweise oder direkte Befeuerung mit im Innern auswechselbarem, säurebeständig emailliertem Gußeinsatz.

Solche hoch beanspruchte Kessel mit Einsätzen, wie sie in dem Autoklaven mit und ohne Rührwerkseinrichtungen viel zur Anwendung kommen und in den Abb. 25 und 26 zur Anschauung gebracht werden, müssen nicht immer einen Stahlguß oder schmiedeeisernen Außenkessel erhalten. Sie können auch sehr oft aus Gußeisen angefertigt sein, und trotzdem kann von einer Emaillierung abgesehen werden, so daß die Verwendung des säurebeständig emaillierten Einsatzes bestehen bleibt. Es ist dies immer dann ein Vorteil, wenn ein starker Verschleiß des Innenraumes als unvermeidlich vorherzusehen ist. In solchen Fällen erspart man die teure Auswechslung des Hauptkessels und hat immer nur die Erneuerung des viel billigeren Einsatzes vorzunehmen.

In Abb. 25 sieht man einen Autoklaven mit säurebeständig emailliertem Einsatz, der für kalte Prozesse und für direkte Befeuerung sich eignet, in Abb. 26 einen solchen mit Rührwerk. Selbstverständlich können diese Apparate auch Dampfmäntel, Ölbäder usw. erhalten.

Sind die Einsätze verbraucht, so können sie leicht ausgewechselt werden. Zu diesem Zwecke erhitzt man die Kessel derart, daß die

Ausgußmasse flüssig wird, zieht den Einsatz heraus und setzt einen neuen ein.

Abb. 27 und 28 zeigen ein Paar Autoklaveneinsätze innen, säurebeständig emailliert. So dünnwandige zylindrische Gefäße wie die Autoklaveneinsätze, sind ungemein schwer beim Emaillieren genau rund zu erhalten. Es erfordert dies eine ganz besondere Geschicklichkeit der Betriebsleitung. Jeder Einsatz — und was von diesen Autoklaveneinsätzen hier gesagt wird, gilt in ganz gleicher Weise auch von jedem anderen dünnwandigen, weitbauchigen Behälter — muß nach jedem Brand auf seine Rundung hin geprüft werden, denn in der Rotgluthitze leiden diese Stücke in ihrer Form, sie werden unter der Wirkung ihres Eigengewichtes oval. Dieser Deformierung muß immer wieder beim nächsten Brand entgegengewirkt werden, und ist natürlich der letzte Brand für die runde Form bestimmend. Daher muß durch entsprechende Maßregeln gleichzeitig dafür gesorgt werden, daß die Deformierung nach dem letzten Brand beseitigt ist.

Es ist klar, daß dies nicht immer ganz gelingen kann, weshalb diese Einsätze niemals auf wenige Millimeter genau rund verlangt werden können. Dagegen kann man diesem Umstand stets bei der Konstruktion durch den entsprechenden Spielraum, der übrigens ja bei den Autoklaven schon wegen des Ausgusses erforderlich ist, Rechnung tragen.

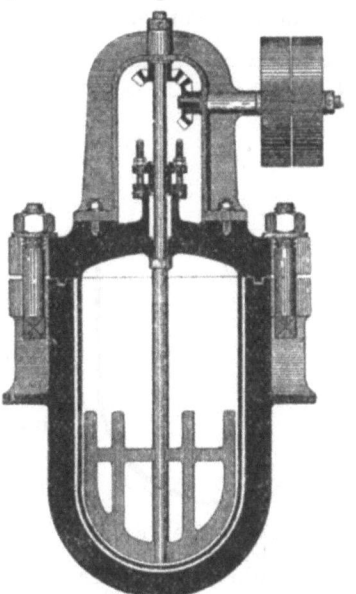

Abb. 26. Autoklav mit auswechselbarem, gußeisernem, innen säurebeständig emailliertem Einsatz und Rührer.

Die Deckel der Autoklaven, welche selbstverständlich durch die Stärke der Beanspruchung nicht immer aus Gußeisen hergestellt werden können, sind deshalb oft auch aus Stahlguß oder Schmiedeeisen zu machen. In solchen Fällen wird dann von einer Emaillierung ganz abgesehen, weil der Deckel in der Regel nicht so sehr dem starken chemischen Angriff ausgesetzt ist wie der Kessel bzw. Einsatz. Ist dies aber aus bestimmten Gründen unmöglich, so emailliert man den Deckel, so gut es eben bei diesen Materialien geht. Die Anwendung des säurebeständigen Emails ist natürlich nicht möglich, man behilft sich auch hier wieder wie bei den Thermometerröhren mit einem weniger vorzüglichen, das aber verwendbar ist, weil es haftet. Die Gefahr der raschen Zerstörung und die eventuelle Beeinflussung des Kesselinhaltes ist ja beim Deckel aus dem vorbesagten Grunde in geringerem Maße vorhanden.

Ist aber für das Deckelmaterial die Verwendung von Gußeisen erlaubt, so greift man selbstverständlich zu diesem, so daß dadurch eine einwandfreie säurebeständige Emaillierung vorgenommen werden kann.

Es können hier nun, wie schon gesagt, nicht alle im Apparatebau vorkommenden Teile besprochen werden, weshalb, nachdem die Hauptteile der näheren Betrachtung unterzogen wurden, nur noch ein Blick auf die am meisten vorkommenden A r m a t u r e n geworfen werden soll. Für die Dampf- oder Kühlmäntel, die die säurebeständig emaillierten Apparate sehr häufig benötigen, bedient man sich der allgemein gebräuchlichen Armaturen, wie sie bei jeder Armaturfabrik erhältlich sind. Dasselbe gilt auch für Manometer, Sicherheitsventile usw. Wo bei letzteren besondere Maßnahmen zum Schutz gegen chemische Angriffe notwendig sind, kann man solche bei Bestellung

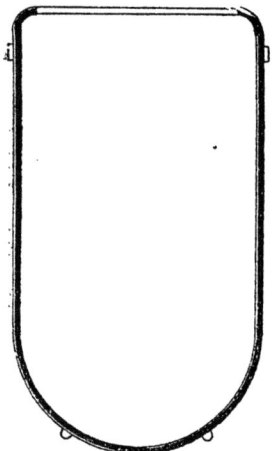

Abb. 27. Gußeiserner Autoklaveneinsatz mit halbrundem Boden und eingezogenem oberen Rand, innen und über den Rand säurebeständig emailliert.

Abb. 28. Innen säurebeständig emaillierter, gußeiserner Autoklaveneinsatz, normale Konstruktion mit Kugelboden und geradem Rand.

von jeder leistungsfähigen Armaturfabrik in entsprechender Weise vorgesehen erhalten. Ganz anders liegt aber die Sache, wenn Abschlußorgane wie Füll- und Ablaßhähne notwendig werden, und diese sind wohl immer bei gewissen Apparaten erforderlich. Ist nun mit starken chemischen Angriffen zu rechnen, wo selbst bestes Bronzematerial nicht mehr ausreicht, edle Metalle aber des hohen Preises wegen auszuschließen sind, so greift man zu H ä h n e n , d i e a u s e i n e r K o m b i n a t i o n v o n S t e i n g u t u n d s ä u r e b e s t ä n d i g e m a i l l i e r t e m G u ß e i s e n bestehen. Diese bereits schon sehr lange im Gebrauch befindlichen Hähne haben sich auf das beste bewährt; Hahnkörper und Hahnküken bestehen aus Steingut, die Flanschstücke mit zugehörigen Rohrstutzen werden aus säurebeständig emailliertem Gußeisen angefertigt und die sämtlichen Teile in solidester Weise durch eine äußere Schraubenverbindung zusammengehalten. Ein solcher Hahn ist in der Destillationsanlage Abb. 23 einmal am Ablauf der Destillierblase, das andere Mal als Ablaßorgan an der Vorlage angewandt. Man sieht an diesen Hähnen auch sehr deutlich, wie die Dichthaltung des Kükens und dessen Bewegung durch Hahnschlüssel in äußerst einfacher Weise von dem Gußbügel des einen Flanschstutzens aus erfolgt.

Wenn noch zum Schlusse auch die Laboratoriumsapparate Erwähnung finden sollen, so geschieht dies hauptsächlich deshalb, weil vielfach die Chemiker der Auffassung sind, man könne sich im Laboratorium nicht gut der säurebeständig emaillierten Apparate bedienen. Manchmal ist aber auch der Laboratoriumschemiker gar nicht von der Existenz dieser Apparate, wenigstens nicht in ihrer Anwendungsfähigkeit, unterrichtet. Da dürfte es vielleicht nicht überflüssig erscheinen, darauf hinzuweisen, wie vielseitig auch in den Versuchsanstalten der säurebeständig emaillierte Apparat verwendbar ist. Handelt es sich um einfache Kochkessel oder Abdampfschalen, so sind diese, wie schon früher Gelegenheit war, bekanntzugeben, in den Laboratoriumsschalen Abb. 1—4 erkenntlich. Sie lassen ein Erwärmen bis zur Siedehitze durch direkte Befeuerung, z. B. mittels Gasflammen, zu. Sind es größere Schalen, so wendet man mehrere Gasflammen, am besten ringförmig angeordnet, an, um nicht durch eine zu starke örtliche Erhitzung (Hitzeentwicklung an einer Stelle) das Email zum Abspringen zu bringen.

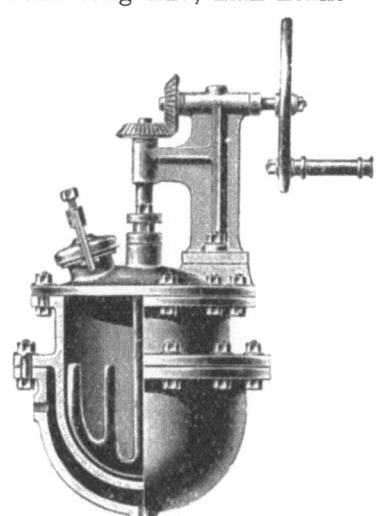

Abb. 29. Laboratoriums-Rührwerkchen mit gußeisernem Dampfmantel; Innenkessel und Rührer säurebeständig emailliert.

Man kann aber auch kleine Dampfkochkessel, bei welchen der Innenkessel säurebeständig emailliert wird, anfertigen, und zwar, ebensogut offen wie geschlossen, auch, wenn erforderlich, für Druckbeanspruchungen im Innern, wobei der Apparat, wenn notwendig ein Rührwerk erhalten kann. Abb. 29 zeigt z. B. ein Rührwerk mit gußeisernem Dampfmantel, das leicht von Hand durch die seitlich angebrachte Handkurbel nach Bedarf zu bewegen ist und mittelst Dampf der üblichen, zur Verfügung stehenden Betriebsspannung beheizt wird. Alle Teile im Innern, einschließlich dem Rührer, sind säurebeständig emailliert, daher Innenkessel, Deckel und Rührer ebenfalls aus Gußeisen.

Abb. 30 zeigt ebenfalls ein im Innern vollständig säurebeständig emailliertes Rührwerk, dessen Teile auch alle aus Gußeisen sind; jedoch ist dieser Apparat für sehr hohen Druck mit entsprechender Deckelabdichtung in Nute und Feder, ferner mit Ölbad und Rührwerk, das von oben mittelst Handkurbel antreibbar ist, ausgerüstet. Dieser Apparat zeigt auch, wie man solche kleine Kessel vorteilhaft in eisernen Gestellchen zur Aufstellung bringt. Sowohl Apparat nach Abb. 29 wie nach Abb. 30 lassen auch maschinellen Antrieb mittels Riemen zu; man hat zu diesem Zwecke nur die Handkurbeln durch kleine Antriebscheiben zu ersetzen. Will man die Apparate als solche ohne Rührwerk verwenden, so ist auch dieses sehr leicht möglich. Man benötigt hierzu nur eines säurebeständig emaillierten Blindflansches, der zum Abschluß der leeren Stopfbüchse benutzt wird, nach Herausnahme der Stopfbüchsenbrille aufzusetzen und mittelst der Stopfbüchsenschrauben festzuziehen ist.

Ein anderes Beispiel der Verwendbarkeit säurebeständig emaillierter Laboratoriumsapparate ist der kleine Kippkessel nach Abb. 31. Er ist ebenfalls als Doppelkessel ausgeführt und zeigt, wie auch hier die Aufgabe, den Dampf zu- und abzuführen, auf das einfachste gelöst werden kann. Die Zuleitung erfolgt seitlich durch den rechten Drehzapfen, die Ableitung an der untersten Mantelstelle mittelst Schlauchanschluß.

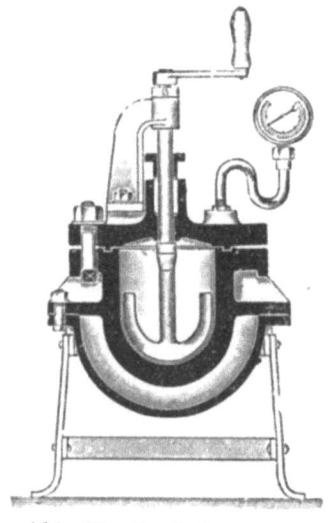

Abb. 30. Gußeiserner Laboratoriumsautoklav ohne Einsatz mit Ölbad und Rührer für Handbetrieb; Innenteile vollständig säurebeständig emailliert.

Bei äußerst hohen Innendrucken, wo der Kessel aus Gußeisen nicht mehr angefertigt werden kann, gibt es auch für das Laboratorium eine sehr einfache Lösung, die trotzdem die Anwendung der säurebeständigen Emaillierung zuläßt. Die oft ganz außerordentlich hohen Drucke, unter welchen mitunter gewisse Laboratoriumsapparate zu arbeiten haben, bedingen oft ganz besonders starkwandige Kessel, die nur aus Stahlguß, ja vielfach sogar nur aus Schmiedeeisen angefertigt werden können. Hier greift man wieder zum säurebeständig emaillierten Autoklaveneinsatz, mit welchem dann die nicht zu emaillierenden Kessel im Innern in bekannter Weise ausgekleidet werden. Läßt sich der Deckel ebenfalls nicht in Gußeisen, innen säurebeständig emailliert, ausführen, so wendet man wieder den Stahlguß- oder geschmiedeten Deckel an, der entweder unemailliert bleibt, wenn dies für das herzustellende Produkt erlaubt ist, oder man emailliert denselben wieder nach Möglichkeit, in jedem Falle damit rechnend, daß der Deckel weniger unter dem Einfluß zerstörender Wirkung durch den chemischen Angriff steht als der Kessel bzw. dessen Einsatz. Die Flanschabdichtung erfolgt bei diesen Autoklavenkesselchen in der notwendig sorgfältigen Weise durch Vorsprung am einen Flansch und Einpaß im Gegenflansch, wobei mit entsprechendem Spiel gerechnet werden muß, da jeder Flansch mit säurebeständigem Email überzogen wird und diese Emaillierung natürlich ein scharfes Ineinanderpassen nicht zuläßt. In Abb. 32 sieht man einen solchen Laboratoriumsautoklav für sehr hohen Druck in geschmiedeter Ausführung mit säurebeständig emailliertem Gußeinsatz und gußeisernem Dampfmantel; in Abb. 33 ist ein Autoklav mit Rührwerk innen vollständig säurebeständig emailliert zur Darstellung gebracht.

Abb. 31. Gußeisernes Doppelkesselchen mit Hand-Kippvorrichtung; der Innenkessel säurebeständig emailliert.

Aus diesen Beispielen ist ersichtlich, wie die Fabrikation säurebeständig emaillierter Apparate allen Ansprüchen der chemischen Industrie gerecht zu werden sucht und diesen auch zu entsprechen vermag, denn die wenigen angeführten säurebeständig emaillierten Apparate haben zweifelsohne schon den Beweis erbracht, daß die Emailtechnik auch dem Chemiker im Laboratorium die Hilfsmittel zu übergeben vermag, welche ihm gestatten, alle die dem säurebeständigen Email innewohnenden Vorzüge bei seinen Versuchen sich dienstbar zu machen.

Noch ein Verlangen, das sehr oft aus der chemischen Industrie an die Emailindustrie gestellt wird, dem aber nicht entsprochen werden kann, soll hier kurz behandelt werden. Es ist die Forderung, Doppelkessel, also Kessel mit Mänteln in einem Stück anzufertigen. Wohl läßt sich diese Arbeit in der Gießerei bewältigen, die säurebeständige Emaillierung solcher Stücke ist aber unmöglich. Es ist erwiesen, daß diese in einem Stück gegossenen Doppelkessel stets starke Gußspannungen besitzen, und es ist ebenso erwiesen, daß bei wiederholter Glühung diese Gußspannungen sich auszulösen suchen. Diese Auslösung erfolgt stets unter Losreißung oder einer Sprengung des Außenkessels vom Innenkessel, da jedenfalls beide ganz unter verschiedenen, durch die Erhitzung bewirkten Ausdehnungen und Kräftewirkungen stehen. Das Experiment ist von maßgebenden Emaillierwerken gemacht worden und hat gezeigt, daß diese Art Doppelkessel nicht einwandfrei emaillierfähig sind. Es mag wohl einmal ein solches Stück auch in der Emaillierung gelingen, zuverlässig wird es aber dann nicht sein der in ihm schlummernden, nicht zur Auswirkung gekommenen Gußspannungskräfte wegen.

Wenn bisher wiederholt hervorgehoben wurde, daß es bis jetzt der Emailindustrie nicht gelungen ist, Schmiedeeisen, Stahl und Stahlguß einwandfrei säurebeständig zu emaillieren, und dann doch wieder Fälle genannt werden, wo die Emaillierung, wenn auch unter gewissen Vorbehalten, als durchführbar an solchen Materialien bezeichnet wird, so zwingt dieser scheinbare Widerspruch zu einigen aufklärenden Mitteilungen.

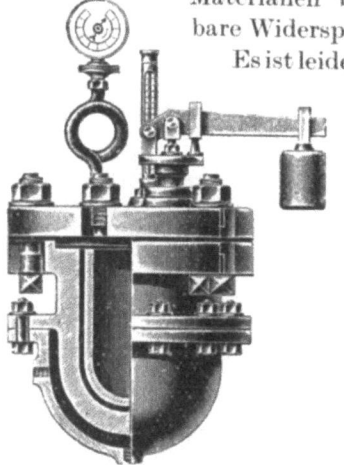

Abb. 32. Schmiedeeiserner Laboratoriumsautoklav mit Mantel für Dampfheizung und auswechselbarem gußeisernen Einsatz; dieser säurebeständig emailliert.

Es ist leider Tatsache, daß alle bisher vorgenommenen Versuche, eine durchaus zuverlässige säurebeständige Emaillierung an den genannten Materialien zu erreichen, mißlungen sind. Dagegen ist es möglich geworden, unter Verzicht auf die hohe Säurebeständigkeit, die beim Emaillieren von Gußeisen erste Bedingung ist, einen gut haftbaren Emailüberzug zustande zu bringen, der, wenn auch nicht erstklassig und hervorragend chemisch widerstandsfähig, doch immer noch bis zu einem gewissen Grade säurebeständig bezeichnet werden kann. Die Eigenschaften des säurebeständigen Emails sind also bei dieser Emailart nicht alle in dem erforderlich hohen Maße vertreten, wie dies von einem vollkommen säurebeständigen Email verlangt werden muß. Wo also das säurebeständige Email auf Gußeisen sich vorzüglich gegen starke chemische Angriffe tadellos hält, ist dies bei dem Email für Schmiedeeisen und Stahl in allen Fällen nicht ebenso. Je mehr nun die Säurebeständigkeit erhöht wird, desto weniger gut haftbar wird die Emaildecke, je mehr das Email des Charakters hoher Säurebeständigkeit entkleidet wird, desto besser haftbar wird es.

Wenn also eine sogenannte säurebeständige Emaillierung von schmiedeeisernen Behältern oder Apparateteilen, auch bisweilen von Stahlguß vorkommt, so muß man dabei immer beachten, daß von einer absoluten Säurebeständigkeit, wie sie bei der Säurebeständigkeit von Gußeisen fast bis zur Vollkommenheit erreicht wird, nicht die Rede sein kann. Da aber nicht immer stärkste chemische Angriffe bei gewissen Apparateteilen zu verzeichnen sind, so ist es durchaus nicht zu verwerfen, wenn man sich in Fällen des Zwanges solcher emaillierter Apparate oder Apparateteile bedient.

So braucht man sich nur der Vorgänge innerhalb des Apparatebaues während des letzten Weltkrieges zu erinnern. Als die Kriegführung sich gewissen Materialien in der Industrie zur Deckung ihres Bedarfes bemächtigte, da wurden unter anderem auch die Brennereien genötigt, von ihren kupfernen Destillierkesseln abzugehen. Da waren es die säurebeständig emaillierten Guß- und vielfach auch Blechkessel, welche sofort an deren Stelle treten konnten. Der säurebeständig emaillierte Gußkessel übertraf den Kupferkessel, der säurebeständig emaillierte Blechkessel war aber mindestens dem ersetzten kupfernen gleichwertig, jedenfalls entsprach er allen an ihn gestellten Anforderungen. Das Email konnte auch bei der Blechemaillierung den Angriff vorzüglich aushalten.

So wie in diesem einen Falle gibt es noch viele ähnliche, die zeigen, daß auch das vorbezeichnete Email für Schmiedeeisen und Stahlguß bisweilen durchaus genügt. Allerdings muß auch darauf gesehen werden, daß Blechgefäße, überhaupt schmiedeeiserne Apparateteile niemals genietet, sondern immer sauber autogen geschweißt zur Ausführung kommen. Genietete Stücke gelingen in der Fabrikation beim Emaillieren nicht, da die Nietnähte in der Hitze und

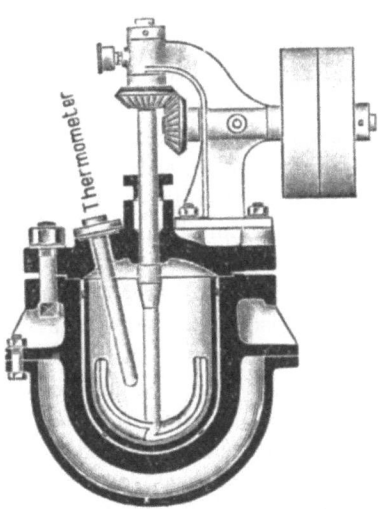

Abb. 33. Stahlguß-Laboratoriumsautoklave mit säurebeständig emailliertem Gußeinsatz und ebensolchem Rührer; der Autoklavenkessel sitzt in einem direkt beheizbaren Ölbad.

Abkühlung sich derart verändern, daß das Email abspringt.

Immer aber muß beachtet werden, daß der vollkommen säurebeständig emaillierte Apparat nur der in gußeiserner Ausführung ist, und daß zur Emaillierung von Schmiedeisen oder Stahlguß im Apparatebau nur dann geschritten werden soll, wo dies absolut nötig bzw. nicht zu vermeiden ist.

Aus allem bisher Gehörten geht hervor, daß die chemische Industrie nicht immer dieselben hohen Ansprüche von Widerstandsfähigkeit an ihre säurebeständigen Apparate gegen chemische Angriffe stellt. Sie bedarf in einem Falle einer Apparatur, die den höchsten Anforderungen genügen soll, welche überhaupt gestellt werden können, in einem anderen Falle ist sie in der Lage, ihre Ansprüche zu ermäßigen, wieder in einem dritten Falle soll der Apparat weniger säurebeständig, dagegen vielleicht mehr hitzebeständig sein usf. Dieser Wechsel in den Ansprüchen hat dazu geführt, daß die Emaillierwerke sich den Wünschen ihrer Kundschaft anzupassen suchten, ein Vorgehen, welches im geschäftlichen Leben begreiflich ist. Man kann daher verstehen, wenn es Emaillierwerke gibt, die sich in ihren Fabrikationen verschiedener Emailarten zum Emaillieren ihrer Apparate bedienen. Es hat sich jedoch in diesem Punkte ein scharfer Gegensatz innerhalb der bestehenden wenigen Werke ausgebildet. So steht ein Teil, vielleicht der kleinere, aber dafür der bedeutendere, auf dem Standpunkte, auf keinen Fall sich mehrerer bezüglich der Säurebeständigkeit abgestufter Emailrezepte zu bedienen. Diese Emaillierwerke fertigen nur e i n säurebeständiges Email an, das den höchsten Anforderungen und damit auch natürlich den geringsten jeder Art genügt. Sie beschränken sich außerdem meistens auf die Anfertigung eines besonders hitzebeständigen Emails und notgedrungen noch auf eine Emailart, die man für die Emaillierung von schmiedeeisernen oder Stahlgußteilen, oft auch da, wo nur die Reinlichkeit in Frage kommt, anwendet. Der andere Teil Emaillierwerke steht auf dem Standpunkte, allen Wünschen der Kundschaft dadurch entsprechen zu wollen, daß er eine große Zahl Emailrezepte zur Verwendung bringt, wobei vor allem Abstufungen in der Säurebeständigkeit vorgesehen werden. Je nach der Beanspruchung wird in diesen Werken zur Emaillierung der Apparate das eine oder andere Rezept für mehr oder minder hohe Säurewiderstandsfähigkeit gewählt. Ob dieser Standpunkt den anderen vorzuziehen ist, erscheint bei scharfer Beobachtung aller in die Fabrikation einschlägigen Faktoren doch etwas fraglich. Leicht können z. B. in der Verwendung der Emailmassen beim Auftragen von seiten der Arbeiter Versehen vorkommen. Je mehr Rezepte man sich bedient, desto größer wird die Gefahr der Verwechslung. Verhängnisvoll wäre aber, wenn Apparate, die höchster Säurebeständigkeit bedürfen, mit einer Emaildecke versehen würden, die diesem Anspruch nicht gewachsen ist. Es ist sicher, daß jedes Emaillierwerk größte Vorsicht anwenden wird; allein Irren ist menschlich, und bei einem Werk, das sich nur zweier oder dreier Rezepte bedient, ist jedenfalls der Ausschluß von Irrtum eher zu erwarten als bei einem solchen, das mit einem Dutzend und noch mehr operiert.

Der Kostenpunkt spielt jedenfalls bei den verschiedenen, nur wenig voneinander abweichenden Emailarten eine ganz untergeordnete oder vielleicht gar keine Rolle. Sie werden so ziemlich gleich teuer sein, so daß also ein wirklich merklicher Vorteil durch die Lieferung von mehr oder minder säurebeständigen Emailarten der Kundschaft nicht geboten werden kann. Die Sicherheit innerhalb der Fabrikation muß höher angeschlagen werden, und deshalb kann in der Anwendung vieler Emailrezepte kein besonderer Vorteil erkannt werden.

Es ist dann noch notwendig, darauf hinzuweisen, daß es bei Apparaten mit Mänteln nicht immer nötig ist, solche aus Blech anzufertigen, wie dies ja auch schon aus den besprochenen Apparaten mit gußeisernen Dampfmänteln (siehe hierzu auch die Abbildungen) hervorgeht. Wenn man Kühlmäntel wohl kaum aus anderem Material als Blech der Billigkeit und Einfachheit wegen anfertigen wird, so doch nicht immer Dampfmäntel oder Kesselbäder. Bei diesen fast immer mit gewölbten Böden auszuführenden Mänteln wird bei kleineren und mittleren Doppelkesseln sehr oft aus Gründen der Billigkeit oft auch der Eile wegen zu den meist leicht erhältlichen Gußmänteln gegriffen werden müssen. Solange den behördlichen Vorschriften bei der Wahl von Gußeisen entsprochen werden kann, spricht kein Grund dagegen, diesem Material nicht auch volles Vertrauen für diese Verwendung entgegenzubringen.

Hier sei auch gleich noch auf ein Vorgehen aufmerksam gemacht, das sich erfahrungsgemäß bei der Beschaffung neuer Apparate sehr empfiehlt. Man lege nämlich überall da, wo ein neu zu beschaffender Apparat an Ort und Stelle hinzustehen kommt, und zwar bevor man zur definitiven Ausführung desselben schreiten läßt, die Konstruktionszeichnung der maßgebenden Überwachungsbehörde (Dampfkesselinspektion) vor. Werden eventuelle Einsprüche erhoben, so können dieselben gleich, wenn sie erfüllbar sind, berücksichtigt oder, wenn anders erforderlich, denselben rechtzeitig begegnet und ein Weg der Einigung gefunden werden. Auf diese Weise kann man unangenehme Betriebsaufenthalte verhindern und Unannehmlichkeiten, oft auch Unkosten aller Art aus dem Wege gehen.

Der Bau säurebeständig emaillierter Apparate verlangt meist eine komplette Montage in der Maschinenfabrik, weshalb hier immer alle zur Apparatur gehörenden Teile zusammenlaufen müssen. Sämtliche Teile werden dabei auf ihre Brauchbarkeit und richtige Ausführung noch einmal geprüft, wozu auch das Anpassen der mitzuliefernden Armaturen, wie z. B. Ablaßhähne, Lufthähnchen, Dampfein- und -auslaßventile, Manometer, Sicherheitsventile usw. gehören. Mit der Montage verbindet sich oft die letzte Druckprobe und, wo dies erforderlich ist, die Werk-, oder amtliche Abnahme, worüber in üblicher Weise Atteste ausgestellt werden. Selbstverständlich ist, daß schon vor dem Emaillieren, sobald dies die Arbeitsweise ermöglicht, jeder Kessel und Deckel, wenn er für irgendeinen Druck oder Vakuum gebaut wird, einer Druckprobe unterworfen wird.

Die meisten unter Druck arbeitenden Apparate unterliegen einer amtlichen Abnahme. Es läßt sich also von seiten des Bestellers sehr leicht eine allgemeine Prüfung und Abnahme verbinden, so daß der Abnahmebeamte seine Untersuchung nicht allein auf das Verhalten des Apparates gegen Druck und die damit verbundenen gesetzlichen Vorschriften erstreckt, sondern auch auf den übrigen guten Zustand des gesamten Apparates einschließlich der Emaillierung ausdehnt. Mit diesem Vorgehen kann, wenn man noch bezüglich säurebeständig emaillierter Apparate ohne Erfahrung und ängstlich ist, jedes Mißtrauen beseitigt werden. Kein Emaillierwerk wird sich gegen eine solche Abnahme im Werk, die auch für jeden anderen säurebeständig emaillierten Apparat oder Gegenstand und auch von jedem anderen gewählten Sachverständigen als Abnahmebeamten zur Anwendung kommen kann, ablehnend verhalten. Es ist dies ein Weg, der sich besonders für solche chemische Werke empfiehlt, die zum ersten Male säurebeständig emaillierte Apparate beziehen und wegen Ablehnung jeder Garantie dem säurebeständigen Email ängstlich gegenüberstehen. Hat der Chemiker einmal seine eigenen Erfahrungen mit solchen Apparaten gemacht, lernt er in seinem Betrieb die guten Eigenschaften derselben kennen, hat er sich auch an erfolgten Lieferungen wiederholt überzeugen können, daß er dem Emaillierwerk unbedingtes Vertrauen in gewissenhafter Ausführung seiner Aufträge entgegenbringen kann, so wird er bald von jeder unnötigen Abnahme absehen können; denn schließlich verursacht jede solche Maßregel heute nicht unbeträchtliche Kosten und beeinflußt vielleicht auch die oft sehr erwünschte rasche Ablieferung.

Sicher sind viele der vorstehend gemachten Mitteilungen für manchen Chemiker und Ingenieur bekannte Dinge. Es darf aber angenommen werden, daß sie es nicht in allen angeführten Einzelheiten sind. Es liegen doch eine Reihe von Vorgängen und Arbeitsweisen besonders dem Chemiker recht weit von seinem Gesichtspunkte ab, so daß er nur selten Gelegenheit haben wird, sie kennenzulernen. Um aber einen säurebeständig emaillierten Apparat richtig in der Konstruktion auszudenken, um beurteilen zu lernen, wie man seine Einzelteile auszubilden hat, und welche Beanspruchungen zulässig sind, dafür sind sicher diese vorstehend gebrachten Ausführungen von Wert. Unter diesen Voraussetzungen sind sie gemacht und werden hoffentlich den Nutzen bringen, der damit beabsichtigt ist.

VI. Die Reemaillierung.

Nachdem man einen genaueren Einblick in die Fabrikation säurebeständig emaillierter Apparate genommen hat, nachdem viele der angeführten Arbeiten die Schwierigkeit erkennen lassen, welche eine sorgfältige, tadellose Emaillierung gewisser Gußstücke hervorrufen, nachdem man ferner auch weiß, daß jedes Emaillierwerk seine Lieferungen als Vertrauensangelegenheit betrachten muß und stets auch betrachtet, daher kein Stück mit irgendeinem Fehler das Werk passieren läßt, wird eine Frage gebieterisch Antwort verlangen: Was geschieht, wenn ein Stück nach Fertigstellung als fehlerhaft erkannt wird?

Die Antwort erscheint zunächst sehr einfach gegeben, indem man sich sagt, es muß in Ordnung gebracht werden. Ja, aber wie? Und in der Beantwortung dieser Frage ersieht man erst, daß dieses In-Ordnung-Bringen nicht immer sehr einfach ist.

Zeigt sich während der Fabrikation ein Mißlingen, das z. B. im Abblättern, im Blasigwerden der Emaildecke, im Auftreten von Rissen oder Poren bestehen kann, so ist nicht immer eine vollständige Erneuerung des Emailüberzuges notwendig. Oft kann eine durch geschickte Arbeiter vorgenommene örtliche Reparatur, wenn Fehler auftreten und auf nur wenige Stellen beschränkt bleiben, helfen, so daß diese Fehler beseitigt werden. Dies ist jedoch nicht immer der Fall, bei manchen Fehlern sogar meistens ganz ausgeschlossen. So zeigt ein Abblättern des Emails, wenn es bis auf das Eisen geht, in der Regel an, daß ein Entfernen der Emaildecke und eine nochmalige Untersuchung sowie Reinigung des Gußstückes als bestes und wirksamstes Mittel anzuwenden ist. Es ist dabei ganz gleichgültig, ob das teilweise Abspringen des Emailüberzuges schon nach dem Brennen der ersten Emailmasseaufträge auftritt oder erst später. In jedem Falle wird dann ein Entfernen des Emailauftrages bis auf die Eisenfläche durch Schneidhämmer notwendig. Diese sind schwere Stahl-Handhämmer, welche mit Schneiden ausgebildet sind, so daß sie bei jedem Hieb wie ein durch Hammerschläge angetriebener scharfer Meißel wirken. Nur eine sehr mangelhaft festsitzende Emaildecke läßt sich leicht vom Eisen trennen, eine regelrecht haftende dagegen nur schwer. Festsitzende Emailüberzüge sind auf der Gußfläche derart festgebrannt, daß Hieb an Hieb zu setzen ist, um ein solches Email wieder vom Eisen zu lösen; ein Kennzeichen, wie zuverlässig die säurebeständige Emaillierung ist.

An Stelle des Schneidhammers, welcher von Arbeiterhand geführt wird, ist in neuerer Zeit mit großem Erfolg der Druckluftmeißel getreten, der infolge seiner kräftigen Schlagwirkung und der bedeutend höheren Schlagzahl der alten Handarbeit gegenüber sich weit überlegen erwiesen hat. Auflösung der zu entfernenden Emaildecke durch chemische Wirkungen, z. B. durch Eintauchen in gewisse Säurebäder, wie dies oft von unkundiger Seite vorgeschlagen wird, versagen natürlich hier vollständig. Sie lassen sich wohl bei gewöhnlichem Email (Geschirremail) anwenden, nicht aber bei dem säurebeständigen.

Ist dann die fehlerhafte Emaildecke auf die vorbesagte Weise entfernt und die Eisenfläche wieder vollständig freigelegt, so beginnt der

Emaillierprozeß in der bekannten Weise von vorn. Das Gußstück wird wieder emailliert, es wird, wie man emailtechnisch sagt, reemailliert. Ein solches Vorgehen gegen eine fehlerhafte Emaildecke nennt man deshalb Reemaillierung.

Die Reemaillierung ist für die chemische Industrie von höchster Bedeutung, denn sie wird nicht allein nur im Falle eines Mißlingens während der Fabrikation angewandt, sondern auch für gewisse im Betrieb unbrauchbar gewordene Apparate. Beschädigungen des Emails an Behältern, Kesseln und kompletten Apparaten sind nicht immer zu vermeiden. Es kann z. B. durch eine rein mechanische Wirkung ein Emailüberzug an einer oder mehreren Stellen derart stark beschädigt werden, daß die weitere Benutzung des beschädigten Teiles die baldige gänzliche Zerstörung nicht nur des Emails, sondern vor allem auch des Gußeisens zur Folge hat. Ist das Email eines Apparates bis auf das Eisen gesprungen oder auch nur an einer kleinen Stelle abgeplatzt, so ist dem zerstörenden Kesselinhalt Gelegenheit gegeben, seinen Angriff sowohl auf das Eisen wie auf das Email vorzunehmen. Dieser äußert sich in der Regel derart, daß er die Stelle dunkelgelb bis rotbraun färbt, was von der Eisenzersetzung herrührt. Anfangs ist dieser Farbfleck oft sehr klein, bald aber dehnt er sich aus, was als ein Beweis gilt, daß der Angriff gegen das Eisen seine Fortschritte macht. Damit beginnt gleichzeitig der Zerstörungsprozeß des Emails. Die Eisenzersetzung unter der Emaildecke nimmt dieser den Halt, sie kann da nicht mehr haften, wo kein gesundes Eisen sich befindet. Die Eisenzersetzungsprodukte wirken aber auch auftreibend gegen die Emaildecke nach außen und sprengen dieselbe. Daher sind bald von dem ursprünglichen Farbenzentrum ausgehende Sprünge konzentrisch und strahlenförmig verlaufend zu beobachten, die sich immer mehr ausdehnen. Die Sprungbildung sieht sich an wie ein Spinnennetz, das fortwährend größer wird. Schaltet man in solchen Stadien einen solchen Apparateteil nicht aus, so wird man bald ein Loslösen und Abfallen des Emails feststellen und bei Untersuchung der Stelle dann leider auch einen mehr oder minder starken Angriff, d. h. Zerstörung der Eisenstelle konstatieren können. Bisweilen kann ein derartiges Stück, wenn das Eisen nicht zu sehr unter dem chemischen Angriff gelitten hat, noch gerettet werden. Es muß nach dem Emaillierwerk gesandt, dort vollständig in der schon geschilderten Weise von Email befreit und, wenn noch gesund befunden, einer Reemaillierung unterzogen werden.

Sind derartige Fälle besonderer Art, d. h. nicht ganz zweifelsfrei zu beurteilen, so ist eine solche Reemaillierung immer ein Versuch, der auch manchmal mißlingen kann. Deshalb lehnen auch die Emaillierwerke irgendeine Verantwortung für solche Arbeiten ab. Es ist daher immer besser und jedenfalls auch ökonomischer, wenn man ein beschädigtes Stück nicht mehr weiter in Betrieb nimmt, sondern sofort, wie man die Beschädigung bemerkt, ausschaltet. Ein noch nicht durch chemische Angriffe in Mitleidenschaft gezogenes Eisen läßt sich stets wieder einwandfrei gut emaillieren. Die Reemaillierung ist für solche Stücke so vollwertig wie bei einem neugelieferten Stück. Ist Eisen chemisch angegriffen, so hat es mehr oder minder von seinen guten Eigenschaften, die es für das Emaillieren geeignet macht, verloren, und dementsprechend wird auch die Wiederemaillierung in bezug auf Haftbarkeit und Widerstandsfähigkeit eingeschätzt werden müssen.

Selbstverständlich geschieht von seiten der Emaillierwerke alles, was in solchen Fällen die Erfahrungen gelehrt haben. Das Eisen solcher eingesandten Stücke wird möglichst genau auf seine Brauchbarkeit nach Entfernung der Emaildecke untersucht und dabei einer gründlichen Reinigung unterworfen. Kein Emaillierwerk von Ruf wird eine neue Emaillierung, eine Reemaillierung, vornehmen, wenn es sich nicht, soweit dies in solchen Fällen möglich ist, von der Gewißheit des Gelingens seiner Arbeit überzeugt hat. Steht einer Verminderung der Eisenstärke nichts im Wege, so greift man zu dem verzweifelten Mittel, die angegriffenen Stellen des Eisens durch Wegmeißeln zu beseitigen. Geht das nicht mehr, so ist in solchem Falle das Stück als verloren zu betrachten.

Andere Vorgänge als die vorstehend geschilderten können ebenfalls Veranlassung zu einer notwendig werdenden Reemaillierung werden. Ein säurebeständig emailliertes Gefäß ist z. B. einer falschen Erhitzung oder aber einer plötzlich eintretenden Frostwirkung ausgesetzt worden. Die Folge ist ein Rissigwerden an verschiedenen Stellen des Emails, die besonders unter der unsachgemäßen Erhitzung oder der plötzlichen Abkühlung zu leiden hatten. Ein solches Gefäß ist meistens für den weiteren Gebrauch im Betrieb unfähig und wird am zweckmäßigsten zum Reemaillieren nach dem Emaillierwerk geschickt. Die Risse sind meistens tiefgehend, und wenn sie vielleicht nicht sofort den Angriff auf das Eisen und unter der Emaildecke erkennen lassen, so doch sicher nach kurzer Zeit. Wenn daher ein solcher rißenthaltender Apparat dennoch in Betrieb genommen wird oder im Betrieb weiter zur Benutzung kommt, so empfiehlt sich auf jeden Fall **größte Vorsicht und aufmerksame Beobachtung der rissigen Stellen**. Bemerkt man die oben gekennzeichnete Färbung, so ist dies das Erkennungszeichen, daß der gefährliche Angriff seinen Anfang nimmt. Man kann dann bald dieselben Vorgänge beobachten, wie sie bei dem mechanisch beschädigten Apparat schon geschildert wurden. Also wird man klug handeln, es nicht so weit kommen zu lassen, sondern beizeiten den Apparat außer Benutzung nehmen.

Es gibt noch weitere Fälle, die zu dem gleichen Vorgehen zwingen. Sie alle aufzuführen, würde zu weit führen. Ein beruhigender Gedanke liegt jedoch in dem Wissen, daß ein säurebeständig emaillierter Apparateteil nicht wertlos ist, wenn ein unglücklicher Zufall, eine ungeschickte Handlung oder strafwürdige Bosheit zur Beschädigung des Emails führt, und daß er in solchem Falle sich wieder gebrauchsfähig machen läßt, ohne daß die Betriebsleitung an eine vollständige Erneuerung denken muß. Wenn man dagegen säurebeständige Apparate anderer Art, wie solche aus Steinzeug, Quarz usw., sich denkt, so ist bei einer Beschädigung ernster Art eine Wiederherstellung gänzlich ausgeschlossen. Hier ist der Ersatz eines neuen Stückes die unbedingte Folge.

Langjähriger Gebrauch macht oft auch einen neuen Emailüberzug erforderlich, ohne daß gerade Beschädigung des Emails dazu zwingt. Bei Apparaten, die scharfen chemischen Angriffen mit Erhitzung und darauffolgender Abkühlung ausgesetzt sind, und wo diese Wechselwirkung jahrelang auf die Emaillierung einwirken kann, wird es nicht ausbleiben können, daß gewisse Teile derselben in bestimmten Zonen, wo diese Angriffe besonders heftig erfolgen, leiden. Das Email wird dann bei sehr langer Betriebszeit rauh, es verliert sein helles Aussehen und wird trübe, was darauf hindeutet, daß die Glasurdecke gelitten hat. Das rauhere Deckemail kommt direkt zur Wirkung, die Emaildecke ist deshalb aber immer noch ein einwandfreier Schutz. Hat man nun aus Fabrikationsgründen auf glatte Decke zu sehen, so geben solche und ähnliche Fälle dem Betrieb Veranlassung, derartige Apparate außer Tätigkeit zu setzen, damit das Email wieder in Ordnung gebracht werden kann. Dies geschieht dann immer wieder durch eine Reemaillierung.

Manchmal kommt es vor, daß man auch mit einem sehr mangelhaft emaillierten Apparat noch arbeiten kann. Übertriebene Sparsamkeit führt dann dazu, daß man glaubt, dies bis zum äußersten fortsetzen zu können, und erst, wenn es gar nicht mehr geht, baut man den Apparat aus und schickt ihn dem Emaillierwerk zur Wiederinstandsetzung zu. Das geschieht vor allem sehr leicht da, wo jede Erfahrung noch fehlt. Bei Untersuchung dieser zu lange benutzten beschädigten Apparate zeigt sich meistens, daß an den beschädigten Stellen nach Entfernung des Emails das Eisen nicht nur derart stark angegriffen und zerstört ist, so daß es wie Zunder sich leicht löst, sondern sich sogar mit einem geringen Druck vollständig durchstoßen läßt. Da ist es dann kein Wunder, wenn die Emaildecke an diesen Stellen keinen Halt mehr findet und der Zerstörung ebenfalls verfallen mußte. Gibt dann das Emaillierwerk, gezwungen durch den trostlosen Befund des Apparates, einen ablehnenden Bescheid, darin gipfelnd, daß eine Reemaillierung nicht mehr möglich ist, so kommt es vor, daß man dies nicht verstehen will und die Ablehnung auf Mangel an gutem Willen zurückführt. Dies ist natürlich unlogisch. Kein Emaillierwerk wird so unklug und ungeschäftsmäßig handeln. Wenn es ihm äußerst tunlich erscheint, wird es immer den Verbraucherkreisen den Beweis liefern, daß der Vorteil einer Reemaillierung gerade ein Vorzug säurebeständig emaillierter Apparate ist. Richtiger aber wird es sein, wenn der Betriebschemiker oder Ingenieur seinen Apparaten größte Aufmerksamkeit schenkt und, sobald die Notwendigkeit einer Reparatur sich zeigt, diese nicht unnötig, jedenfalls nicht über die erlaubte Grenze hinaus verschiebt.

Es kommt dann auch vor, daß man in Verbraucherkreisen der Meinung ist, ein beschädigtes Email läßt sich flicken, d. h. mit irgendeinem Mittel — man stellt sich darunter irgendeine Mixtur vor — wieder instand setzen. Nicht selten ist es, daß man sich mit solchen Wünschen an die Emaillierwerke wendet. Man fragt z. B. an, ob nicht eine Emailmasse geschickt werden könnte, mit welcher ein entstandener Emailschaden durch Verschmieren behoben werden kann. Derartige Präparate gibt es nicht! Es ist auch ganz ausgeschlossen, auf kaltem Wege irgendeinen solchen Schaden zu beheben. Aus den früheren Ausführungen geht hervor, daß man nur während der Durchführung einer Emaillierung bisweilen gewisse fehlerhafte Stellen auszubessern vermag. Das kann aber **nur im Schmelzprozeß**, also im Brennofen geschehen, niemals im kalten Zustand.

Wissenswert ist ferner, daß es unmöglich ist, auf eine **gebrauchte** Emaildecke einen neuen Emailauftrag wirklich haltbar aufzubrennen. Ein unter chemischem Angriff gestandenes Email ist, so widerstandsfähig es auch gegen Zerstörung sich zeigt, kein absolut reines mehr. Es ist bekannt, daß auch Glas, so dicht es sich gegen jede Flüssigkeit zeigt, ätzender Einwirkung, nicht ohne Spuren zu hinterlassen, widersteht. Auch Glas ist porös, wenn auch nicht in dem Maße, daß die Poren sichtbar sind und eine Durchlässigkeit bedingen. Es sind die Kapillargefäße, die hier in Betracht kommen, also die Kapillarattraktion, welche auf Flüssigkeit ihre Wirkung ausübt und ein Eindringen derselben bis zu einem gewissen Grade erlaubt. Eine gleiche Kapillarwirkung zeigt das Email, und daher kann es, wenn es chemischen Agentien ausgesetzt war, nicht mehr als absolut rein angesehen werden. Ohne diese Eigenschaft ist aber ein Überemaillieren, d. h. ein Aufschmelzen neuer Emailmassen auf eine alte Emaildecke, unmöglich. **Es bedingt also jede Instandsetzung eines alten, d. h. gebrauchten Emailüberzuges ein Reemaillieren.**

Für jeden Betriebschemiker wird nun der Umstand, ein in der Emaillierung wieder instand zu setzendes Apparatestück nach dem Emaillierwerk schicken zu müssen, keine Ursache des Unbehagens werden, ihm wird vielmehr die Gewißheit, daß er auch einen jahrelang gebrauchten, säurebeständig emaillierten Apparat bei einiger Aufmerksamkeit und rechtzeitiger Auswechslung wieder wie neu bei verhältnismäßig geringem Kostenaufwand herrichten lassen kann, nicht allein zum beruhigenden Gedanken, sondern auch zu einem schwerwiegenden Faktor zugunsten seiner Betriebsunkostenaufstellung werden.

VII. Die Behandlung der säurebeständig emaillierten Apparate im Betrieb.

Die Lebensdauer eines jeden Gegenstandes hängt, wenn er sich bei Ingebrauchnahme in tadellos guter Beschaffenheit befindet, in erster Linie von seiner Behandlung ab. Ein Grundsatz von tiefster Wahrheit, aber auch von größter Bedeutung! Er wird um so höher einzuschätzen sein, je bedeutender der Anschaffungs- und Nutzwert des Gegenstandes ist, der in Frage kommt. Jeder Betrieb, der gewinnbringend geleitet und durchgeführt wird, muß auf diesem Grundsatz aufgebaut werden. Die chemische Industrie besitzt in ihren Apparaten ohne Zweifel Betriebsobjekte von hohen Werten, und das gilt auch da, wo säurebeständig emaillierte Apparate zur Anwendung kommen. Sie möglichst lange gebrauchsfähig zu erhalten und auswerten zu können gebietet nicht nur die Notwendigkeit, möglichst billig zu produzieren, sondern in vielen Fällen auch das Erfordernis der Rentabilität. Es wird daher keine unnütze Beschäftigung für den Betriebsleiter, Chemiker und Ingenieur sein, wenn er sich darüber informiert, wie er durch die zweckmäßigste Behandlung die Lebensdauer seiner säurebeständig emaillierten Apparate möglichst groß gestaltet.

Schon der Transport eines säurebeständig emaillierten Apparates bedingt besondere Sorgfalt, hat man es ja mit Eisenteilen zu tun, die mit einer Glasschmelze überzogen sind. Das liefernde Emaillierwerk wird niemals die Vorsicht außer acht lassen, Einzelteile gut zu verpacken, entweder durch sorgfältige Umwicklung mittelst Strohseilen und Packtuch oder durch Einsetzen in Holzverschläge oder Kisten, in welchen dann dafür Sorge zu tragen ist, daß sich kein Teil lose bewegen oder gar, wenn mehrere in einem Kistenraum untergebracht werden, aneinanderschlagen können. Das Aneinanderstoßen von zwei emaillierten Gußstücken ist stets gefährlich, denn diese Stöße sind hart, sie verursachen meistens ein Verletzen des Emails. Aus diesem Grunde wird man auch niemals solche Teile lose auf einem Wagen transportieren. Zu leicht verändern sie während des Fahrens ihre Lage, rücken sich näher, so daß es dann leicht zum Zusammenstoß kommt.

Das gute Verpacken und Placieren, d. h. Festlegen im Waggon

Die Behandlung der säurebeständig emaillierten Apparate im Betrieb. 89

oder Wagen gilt also sowohl für Einzelteile wie für komplette Apparate. Bei guter Witterung, d. h. wenn keine Frostgefahr droht, können komplette Apparate oder große Kessel und Behälter ohne weiteres auf offenen Wagen verladen werden. Das darf aber niemals im Winter sein, selbst wenn das Wetter mild ist, denn gerade die plötzlich auftretenden Fröste sind dem Email sehr gefährlich, und sicher ist man vor Witterungsumschlägen nie. Daher wird man zu dieser Zeit stets durch Umhüllungen oder durch Einsetzen in Kisten, die gut mit Stroh auszustopfen sind, dem schädlichen Einfluß der Kälte begegnen müssen.

Diese von den Emaillierwerken angewandten Vorsichtsmaßnahmen geben auch dem Betriebsleiter die notwendigen Winke, wie er sich beim Empfang und Weiterleiten der emaillierten Teile oder eines emaillierten Apparates zu verhalten hat. Auch er wird in der gleichen Weise die ankommenden Gegenstände an die Verwendungsstelle transportieren. Beim Heben mittelst Kran oder Flaschenzug muß er immer darauf sehen, daß das Email keinen Druck durch Haken oder Ketten erhält. Wo solche zur Verwendung kommen, müssen sie mit weichen Polstern unterlegt werden. Besser noch wie die Verwendung von Ketten und Haken sind Draht- oder Hanfseile. Auch für sehr schwere Apparate oder Kessel verwenden die Emaillierwerke diese Seile mit entsprechenden Schlingen. Deren Anschaffung empfiehlt sich unbedingt für jedes chemische Werk, welches viel mit säurebeständig emaillierten Apparaten arbeitet. Bei der Montage gelten beim Heben und Senken dieselben Regeln. Man setze auch niemals einen Teil mit der emaillierten Fläche auf die Fläche eines anderen Apparateteils, sondern bediene sich immer dabei weicher, elastischer Zwischenlagen. Ein vorsichtiger Montageleiter wird auch streng darauf sehen, daß auf offene emaillierte Apparate oder Kessel, z. B. auf deren Flanschen oder Mannlochöffnungen, keine eisernen Hämmer oder schwere Schraubenschlüssel gelegt werden. Leicht kommt es vor, daß solche Werkzeuge durch Unvorsichtigkeit angestoßen werden und in das Kesselinnere hineinstürzen. Durch ein unglückliches Aufschlagen kann dann ein verhängnisvoller Emaildefekt entstehen. Es wird sich überhaupt immer empfehlen, zur Montage säurebeständig emaillierter Apparate nur zuverlässige, tüchtige Leute zu nehmen und stets einen gewissenhaften Montageleiter mit der Aufsicht zu betrauen.

Nicht immer werden ankommende Apparate oder Apparateteile sofort im Betrieb in Verwendung genommen. Oft werden sie als Reserve in Vorratsräume gebracht oder, wenn nicht augenblicklich einzubauen, auf Lager genommen. In beiden Fällen hat man darauf zu sehen, daß die gewählten Räume im Winter frostfrei sind.

90   Die Behandlung der säurebeständig emaillierten Apparate im Betrieb.

Plötzlich eintretende scharfe Kälte, wie solche oft in Winternächten vorkommt, kann Springen des Emails, also ein Rissigwerden hervorrufen. Sind die Räume nicht frostfrei, so decke man emaillierte Gegenstände stets gut ab.

Ohne weiteres wird aus dem Gesagten klar, daß das Lagern im Freien aus demselben Grunde gefährlich ist. Man wird dies, wenn es äußerst möglich ist, immer zu vermeiden haben. Ein solches Verbot ist nicht schwer zu beachten und muß oft in noch größerem Umfange für andere Betriebsmittel ebenfalls gelten. Man denke nur an Wasser- und Dampfleitungen. Auch diese (Dampfleitungen wegen der sich bildenden Kondenswasser) müssen bei eintretendem Winter vor Kälte geschützt werden, andernfalls durch Einfrieren schwerer Schaden entsteht. So gut wie die Betriebsleitung hierfür Sorge tragen kann, wird ihr dies auch für emallierte Betriebsmittel möglich sein.

Bisweilen ist es auch vorgekommen, daß im Freien lagernde oder in zugängigen Lagerhallen verwahrte Emailkessel durch unvernünftige oder boshafte Hände beschädigt wurden. Solche Vorgänge sind in einem Werke, wo verschiedene, manchmal auch fremde Elemente sich herumtreiben können, nicht immer auszuschließen. Deshalb empfiehlt es sich schon, von jedem Lagern im Freien abzusehen und sich nur verschließbarer Lageräume zu bedienen.

Bevor man einen säurebeständig emaillierten Apparat montiert, wird man sich immer zuerst von dessen tadellosem Zustand überzeugen. Man wird vor allem noch einmal das Email sorgfältig auf gute Beschaffenheit prüfen. Ist man im Zweifel, ob vielleicht eine Emaildecke durch längeres Lagern im Frost gelitten hat, z. B. ob sie noch gut haftet, so gibt es ein sehr einfaches Mittel, sich hiervon zu vergewissern. Man nimmt einen leichten Holzhammer und klopft mit diesem die Emaildecke ab. Ein gut anhaftendes, gesundes Email muß dieses Abklopfen, ohne darunter zu leiden, aushalten können. Wie man sonst eine Emaillierung auf ihre einwandfreie Beschaffenheit prüft, ist schon früher näher ausgeführt worden.

Im übrigen gelten für Transport und Montage die Vorschriftsmaßregeln, welche schon vorstehend bekanntgegeben wurden. Stets ist vor allem darauf Bedacht zu nehmen, daß man harte Stöße und Schläge vermeidet.

Eine weitere sehr wichtige Montageregel muß bei Verschraubungen beachtet werden. Je größer die Anzahl Schrauben an einer Flanschenverbindung ist, sei es an einem Kessel, der mit einem Deckel zu verschließen ist, sei es an zwei anschließenden Zylindern oder Rohrstücken, niemals dürfen die einzelnen Schrauben auf einmal fest angezogen werden. Das würde zu

Die Behandlung der säurebeständig emaillierten Apparate im Betrieb. 91

einem Verspannen der Flanschen und zu verhängnisvollen Spannungen in der Emaildecke führen, wodurch ein Abspringen des Emails eintreten könnte. Man zieht stets alle Schrauben hintereinander nur immer wenig und möglichst gleichmäßig der Reihe nach an, so daß sie allmählich im ganzen Umfange dieselbe Zugkraft ausüben. Auf diese Weise wird unter Verhütung einer einseitigen Beanspruchnug der Flanschen eine durchaus zuverlässige, dichte Flanschenverbindung bei emaillierten Stücken erreicht.

Eine weitere wichtige Vorschrift ist, daß man bei emaillierten Rührwerken stets Sorge trägt, zwischen Rührer und Kesselwandung einen Spielraum zu belassen. Da Rührer- und Kesselinnenform immer etwas voneinander abweichen werden — es sind dabei Flügel- und Schaufelrührer gemeint, deren Bodenflügel sich möglichst der Kesselform anschmiegen —, so ist ein solches Spiel — ein absolut genaues Übereinstimmen der Formen ist wegen des nicht immer gänzlich unvermeidlichen Anziehens in der Hitze während der verschiedenen Brände beim Emaillieren nicht zu erreichen — notwendig, wenn anders nicht ein Berühren von Rührer und Kesselwandung an dem einen oder anderen Punkte eintreten soll. Ein solches gegenseitiges Berühren muß aber bei sich bewegenden, emaillierten Teilen vermieden werden, da es zum Abschürfen des Emails führt. Das Email würde das nicht, ohne darunter zu leiden, aushalten können. Daher kann man schürfende oder kratzende emaillierte Rührwerke überhaupt nicht bauen.

In manchen Betrieben kommt es vor, daß Kesselinhalte durch Handlöffel- oder -schaufeln auf- oder umgerührt werden müssen. Diese Handarbeit führt man nicht mit härteren oder ebenso harten Instrumenten, wie das Email selbst ist, aus, da sonst leicht der Emailüberzug des Kessels durch einen heftigen Stoß verletzt werden kann. Am besten ist, man bedient sich zu solcher Arbeit eines Löffels oder Rührers aus Holz. Ist dies jedoch nicht möglich, so muß jedenfalls Vorsicht angewandt werden, die um so größer sein muß, je schwerer das zum Rühren benutzte Handinstrument ist.

Von größter Wichtigkeit ist die Behandlung säurebeständig emaillierter Kessel und Apparate, welche mittelst Dampf- oder direkter Befeuerung erwärmt werden. Bei solchen Kesseln kommt es vor, daß die Beheizung fehlerhaft angewandt wird. Es ist z. B. stets fehlerhaft, wenn man die Erhitzung recht plötzlich vornimmt, was geschehen kann durch übermäßiges starkes Zuströmen von hochgespanntem oder überhitztem Dampf, auch durch sofortiges Entflammen aller Gasöffnungen in voller Stärke bei einer Gasbeheizung. Solche rapide Erwärmung eines emaillierten Kessels kann eine derartige ungleichmäßige Wärmezuführung bewirken, daß gefährliche Spannungen im erhitzten Gußstück entstehen, die sich auch der Emaildecke mitteilen. Die Folge kann ein Rissigwerden derselben sein. Es kann aber auch dadurch gefehlt werden, daß man die Beheizung zu örtlich, das ist zu stark an einer Stelle des zu erwärmenden Kessels ausübt. Dies ist immer dann der Fall, wenn der in den Dampfmantel eingeleitete Dampf so ausströmt, daß er direkt auf eine Stelle des Innenkessels aufbläst. Die Folge ist eine ungemein starke Erhitzung gerade dieser angeblasenen Stelle. Es ist nicht schwer, daraus die Folgerung zu ziehen. Eine hohe Spannungsdifferenz zwischen Eisen und Email ist unausbleiblich, und so kann man sehr oft feststellen, daß eine plötzlich auftretende Emailzerstörung hierauf zurückzuführen ist. Wie kann dies vermieden werden? Sehr einfach. Man leitet den einströmenden Dampf niemals direkt gegen

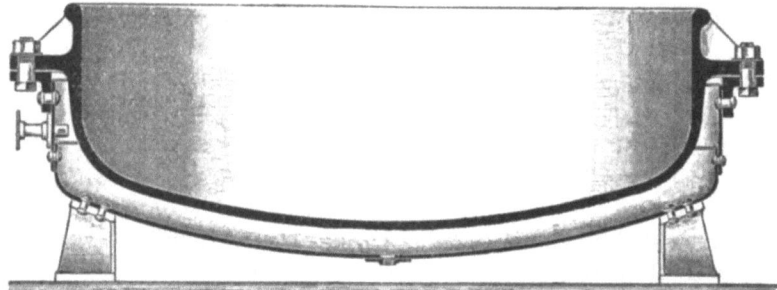

Abb. 34. Innen säurebeständig emaillierte Abdampfschale mit schmiedeisernem Dampfmantel, bei welchem die Dampfzuleitung mittelst tangentialer Dampfverteilung erfolgt.

den zu beheizenden Emailkessel ein, sondern führt ihn so, daß er an den Kesselwandungen tangential und sich allseitig verteilend einströmt. Zu diesem Zwecke hat man an der Dampfeinströmung nur ein kleines, abgebogenes Dampfröhrchen einzuführen oder wie es Abb. 34 zeigt, dieses Dampfeinströmungsrohr innen durch Verschweißung zu verschließen und seitliche Öffnungen anzubringen, durch welche der einströmende Dampf tangential zum Innenkessel abgeleitet wird. Diese letztere Art, den Dampf in Dampfmäntel einzuführen, ist wohl die beste, sie verteilt den Dampf besser und damit auch die Wärme, womit jede Gefahr beseitigt ist.

Bei der Beheizung eines emaillierten Kessels mittelst Gas, kann in gleicher Weise gefehlt werden, wenn man eine größere oder sehr große Kesselfläche nur mit einer Gasflamme oder mit nur wenigen, sehr starken Gasflammen erhitzt. Hier tritt dann genau dasselbe ein, wie bei der vorgeschilderten fehlerhaften Dampfeinleitung in einen

Dampfmantel. Auch hier wird eine zu starke Erhitzung einer oder nur weniger Stellen eines emaillierten Kesselbodens hervorgerufen, was zu Spannungen führt, die eine Zerstörung des Emails bewirken können. Vermieden kann diese wieder werden durch sachgemäße, möglichst gleichmäßige Erwärmung des zu beheizenden Kessels, was erreicht wird durch Anbringung von einer der Kesselbodenfläche entsprechenden Anzahl Flammen, die recht gleichmäßig über die Bodenfläche zu verteilen sind. Die Flammen hält man zu Anfang nieder und erst allmählich höher, bis sie auf diese Weise langsam zur höchsten Heizwirkung kommen. Dadurch wird auch die Erhitzung eine allmähliche. Ringförmige Gasflammfeuerungen sind sehr zweckmäßig.

Ist ein emaillierter Kessel direkt zu beheizen mittelst Kohlen- oder Holzfeuerung, so kommt es häufig vor, daß man die Stichflamme der Feuerung direkt auf den Kessel treffen läßt. Auch hier findet dann eine solche einseitige, örtliche Erhitzung des Emailkessels statt, daß das Eintreten gefährlicher Spannungen in Eisen und Email unvermeidlich ist, wodurch wiederum dem Email Gefahr droht. Es gibt aber auch für diesen Fall ein sehr probates Mittel diese Gefahr zu beseitigen. Man muß die Feuerung so einrichten, daß die Stichflamme vom Kesesl abgelenkt wird, was durch Einbau einer Mauerzunge meistens sehr einfach zu machen ist. Jede Apparatebau-Anstalt gibt dafür notwendige Unterweisung und Auskunft.

So gefährlich nun die plötzliche Erhitzung auf hohe Temperaturen der Emaillierung eines Gefäßes oder Apparates werden kann, genau so schädlich ist auch eine rapide Abkühlung. In jedem Falle ruft man große Spannungsdifferenzen zwischen dem Gußeisen und dem Email hervor, die, ebenso wie sie auf unvernünftige Weise leicht heraufbeschworen werden und Unheil anrichten können, gerade so leicht durch weise Vorsicht zu vermeiden sind. Es ist z. B. nicht nötig, daß man ein eben hocherhitztes Emailgefäß im nächsten Augenblick mit kaltem Wasser übergießt und ausspült. Solche und ähnlich hervorgerufene starke Temperaturwechsel können oder, besser gesagt, müssen vermieden werden.

Wenn die vorstehend aufgeführten Vorsichtsmaßnahmen Beachtung finden und nicht geringschätzig in den Wind geschlagen werden, dann wird man bei Verwendung säurebeständig emaillierter Apparate sich bald mit denselben befreunden und die Nutznießung ihrer durch keine anderen Apparate zu ersetzenden großen Vorteile als einen enormen Gewinn verbuchen können. Jedes Betriebsmittel bedarf, um es gebrauchsfähig zu erhalten, einer gewissen Pflege, sowie einer entsprechenden Sorgfalt und Schonung bei intensiver Benutzung. Man wird diese Behandlungsweise da steigern, wo das Betriebsmittel einen größeren Wert darstellt. Nun wird wohl kaum bezweifelt werden können, daß der säurebeständig emaillierte Apparat ein Betriebsmittel von hohem Wert ist und gegenüber gewöhnlichen Guß- und Blechapparaten bedeutend höher eingeschätzt werden muß. Bedürfen aber schon diese Apparate der aufmerksamen Behandlung, warum soll es unmöglich sein, sie beim säurebeständig emaillierten Apparat mit vielleicht noch etwas größerer Sorgfalt zu verbinden? Die bekanntgegebenen Vorsichtsmaßnahmen sind ja keine außerordentlichen, die meisten derselben sind bei jeder besseren Apparatur, um sie betriebsfähig zu erhalten, ebenfalls erforderlich. Berücksichtigt man deshalb nur einigermaßen die Vorteile, welche der säurebeständig emaillierte Apparat durch seine hervorragenden, guten Eigenschaften gewährt, so kann die für ihn in etwas erhöhter Weise aufgewandte Sorgfalt als eine wohlverdiente bezeichnet werden.

VIII. Die Verwendungsgebiete der säurebeständig emaillierten Apparate.

Wenn an dieser Stelle von den Verwendungsgebieten der säurebeständig emaillierten Apparate gesprochen werden soll, so muß dies im engeren und im weiteren Sinne geschehen. Im engeren Sinne hat man sich die Industriezweige vorzustellen, in welchen sich der säurebeständige Apparat einen dauernden Platz gesichert hat und in welchen er mit der Zeit zum unentbehrlichen Betriebsmittel geworden ist. Im weiteren Sinne muß man sich die Länder und Erdteile denken, in welchen heute der säurebeständig emaillierte Apparat nicht mehr Gastrollen spielt, sondern längst schon Heimatsrechte erworben hat, und daher auch eine Art Universalität in der Verwendung verzeichnen darf.

Zunächst eine Umschau innerhalb der Industrie. Es ist schon wiederholt notwendig gewesen, hervorzuheben, daß für die Verwendung des säurebeständig emaillierten Apparates in der Hauptsache, ja, man kann wohl sagen, ausschließlich die chemische Industrie in Betracht kommt. Die überaus schwierige Apparatefabrikation unter Verwendung meist sehr teurer Rohstoffe macht natürlich den säurebeständig emaillierten Apparat zu keinem billigen Betriebsmittel. Die Herstellungskosten sind hohe und verlangen daher diese emaillierten Erzeugnisse entsprechend hohe Verkaufspreise. Der Vergleich gegenüber den schmiedeeisernen, stählernen und gußeisernen Apparaten zeigt natürlich zugunsten dieser bedeutendere Anschaffungskosten. Sobald aber einigermaßen gleichwertige andere Apparate den säurebeständig emaillierten gegenübergestellt werden, z. B. solche aus Kupfer, Bronze, Aluminium, Steinzeug u. a. m. ändert sich das Verhältnis. Die Anschaffungskosten von Apparaten aus diesen

Die Verwendungsgebiete der säurebeständig emaillierten Apparate.

Materialien sind nicht nur nicht gleicher Höhe, sondern übersteigen vielfach diejenigen der säurebeständig emaillierten. Wenn diese aber den gußeisernen, Stahlblech- und Stahlgußapparaten weit überlegen sind, auch die letztgenannten in manchen hochwichtigen Eigenschaften übertreffen — und das dürfte wohl feststehen —, so erklärt sich leicht die ausgedehnte Verwendung in der chemischen Industrie. Es lag kein Hinderungsgrund für die weite Verbreitung vor, einesteils weil die billigeren Apparate aus Blech, Gußeisen oder Stahlguß den Anforderungen nicht mehr entsprechen konnten, andernteils die einigermaßen den säurebeständig emaillierten nahekommenden nicht immer zu entsprechen in der Lage waren, wobei sie nicht einmal einen Vorteil in den Beschaffungskosten zu bieten vermochten. In der Tat kann man schon seit einer Reihe von Jahren beobachten, daß viele Werke, besonders diejenigen der chemischen Großindustrie, nach solchen Erwägungen handeln. Im Großbetrieb, wo der säurebeständig emaillierte Apparat schon oft seine Überlegenheit in den verschiedenartigsten Industriezweigen zeigen konnte, kann selbst ein bisweilen eintretender Mißerfolg nicht mehr allein bestimmend sein. Der Austausch der Erfahrungen unter einem immer größer gewordenem Kreis tüchtiger Chemiker und Ingenieure ist heute maßgebend und verschafft den säurebeständig emaillierten Apparaten immer wieder die ihnen gebührende Anerkennung.

Die Verbreitung dieser Apparate ist daher heute in allen Industrien zu beobachten, wo höchste Widerstandskraft gegen chemische Einflüsse notwendig ist, wo verhindert werden muß, daß zerstörende elektrolytische Kräfte tätig sind, wo neben hoher Hitzebeständigkeit und Festigkeit, totale Gift- und Geschmackfreiheit sowie Vermeidung von Mißfärbung und absolute Reinheit im Betriebe verlangt werden muß. Daher findet man die säurebeständig emaillierten Apparate in der Farbenindustrie ganz besonders zahlreich verwendet. Es gibt wohl heute kein Werk dieser Art, welches Weltruf besitzt, das sich nicht des säurebeständigen Emails in seinen verschiedenartigen Fabrikationszweigen bedient.

Ein weiterer bedeutender Zweig der chemischen Industrie ist in der Jetztzeit die Fabrikation pharmazeutischer Produkte. Auch sie bedient sich längst schon der säurebeständig emaillierten Apparate in ihren Betrieben mit größtem Erfolg, was ja bei dem durchaus neutralen Charakter des säurebeständigen Emails nicht zu verwundern ist. Weiter findet sich der säurebeständig emaillierte Apparat in Werken, welche sich mit der Herstellung synthetischer Riechstoffe, ätherischer Öle und feiner Lacke beschäftigen.

Große Vorteile haben sich auch aus der Verwendung der säurebeständigen Emailapparate ergeben für diejenigen Industriezweige, welche sich die Konzentration und Reinigung von Mineralsäuren, vor allem auch der Schwefelsäure, sowie der Herstellung chemisch reiner organischer Säuren zur Aufgabe machten. Auch die Sprengstoffindustrie gehört seit einer längeren Reihe von Jahren zu den großen Abnehmern.

Eine Industrie, welche heute kaum mehr den an sie gestellten Ansprüchen genügen könnte, wenn sie sich nicht des säurebeständigen Emails bediente, ist vor allem auch die Nahrungsmittel-Industrie. Diese hat in den letzten zwei Dezennien einen ganz ungewöhnlichen Aufschwung genommen, und es darf wohl gesagt werden, daß hierzu nicht wenig auch der säurebeständig emaillierte Apparat beigetragen hat. Wer heute eine große, modern eingerichtete Nahrungsmittelfabrik betritt, wird staunen über die daselbst tätigen, oft gewaltig großen und bezüglich ihrer Fassungsmöglichkeit geradezu imponierenden Apparate. Es sind, wo wirklich gesundheitlich einwandfrei fabriziert wird, meist nur säurebeständig emaillierte Apparate; denn gerade für die Nahrungsmittelindustrie gibt es heute kaum ein anderes Material wie das Email, welches, wo unter Druck gearbeitet werden muß, völlige Giftfreiheit garantiert und die Reinheit des Endproduktes als etwas selbstverständliches voraussetzt.

Eine Industrie, die ebenfalls hier registriert werden muß, ist die Spiritusfabrikation oder die Brennereien im allgemeinen. Dieselben sind stets sehr konservativ gewesen. Mit besonders zäher Ausdauer, weil mit einer Art Vorliebe, hängen die landwirtschaftlichen Kleinbrennereien am kupfernen Destillierapparat. Es ist interessant zu beobachten, wie unbekannt es in diesen Kreisen zu sein scheint, daß Alkohol und alkoholische Flüssigkeiten durchaus nicht dem Eisen und Kupfer gegenüber so ungefährlich sind, wie man anzunehmen scheint. Bei jedem alkoholischen Gährungsprozeß entstehen Säuren, besonders die gefährliche Essigsäure, und es ist nachgewiesen, daß in 100 ccm verschiedener alkoholischer Flüssigkeiten 4,8 bis 42 mgr Essigsäure gefunden werden konnten. Tatsächlich waren auch noch in 100 ccm Destillat nach kurzer Zeit bis zu 4,4 mgr essigsaures Eisen nachweisbar, das bekanntlich genügt, um jedes Brennprodukt dunkel zu färben. Dieselben schädlichen Wirkungen sind dem Kupfer gegenüber zu verzeichnen durch die Bildung von Metallsalzen. Man hat in Weinbrennereien beobachtet, daß innerhalb weniger Jahre die Wandungen kupferner Destillierblasen um mehrere Millimeter abgenommen haben. Alle diese Schäden können vermieden werden durch die Verwendung säurebeständig emaillierter Apparate, sie allein sichern ein reines Brennprodukt und wiegen damit die vielleicht etwas längere Brenndauer auf. Die Not des Weltkrieges 1914/18 hat es vermocht auch in diese Mauer der Vorurteile eine Bresche zu legen; denn durch die Beschlagnahme des Kupfers war der Brenner gezwungen worden dem säurebeständig emaillierten Destillierkessel näherzutreten.

Zu nennen sind dann noch auf dem Verwendungsfeld säurebeständig emaillierter Apparate die chemischen Wäschereien und Färbereien, die seit vielen Jahren sich derselben bedienen. Endlich wäre vielleicht noch erwähnenswert, daß die Emaillierwerke auch die Kunstseidefabrikation zu ihrer Kundschaft zählen dürfen.

Als Heimatgebiet der säurebeständig emaillierten Apparate darf wohl Deutschland bezeichnet werden. Hier entstanden die ersten Emaillierwerke, die den Bau dieser Apparate für die chemische Industrie im großen aufnahmen und zur Entwicklung brachten. Ein großes Arbeitsfeld bot die in Deutschland wie in keinem anderen Land der Erde sich mächtig entfaltende chemische Industrie, besonders sind da zu nennen die Farbenindustrie und die mit ihr im engen Zusammenhang stehenden anderen chemischen Industriezweige. Deutschland ist daher auch einer der bedeutendsten Verbraucher säurebeständig emaillierter Apparate und ist in diesem Apparatebau tonangebend geworden. Deutsche säurebeständig emaillierte Erzeugnisse sind gesucht und gehen nach allen Industrieländern der Erde. Von der mehrere Millionen von Kilogramm betragenden Jahresproduktion säurebeständig emaillierter Apparate in Deutschland ist ein großer Teil nach dem Ausland gewandert, und es darf sicher als ein gutes Zeichen für diese deutsche Industrie angesehen werden, wenn bisher gesagt werden konnte, daß kaum ein Kulturstaat der Erde existieren wird, der nicht von Deutschland säurebeständig emaillierte Apparate bezog, daß aber umgekehrt keines dieser Länder sich rühmen kann, auch nur ein deutsches chemisches Werk als ständigen Kunden (Probelieferungen sind natürlich ausgeschlossen) nennen zu können. Dabei muß allerdings immer scharf auseinandergehalten werden, was unter säurebeständig emaillierten Erzeugnissen zu verstehen ist und was unter gewöhnlichem Emailfabrikat. Es darf also ebensowenig das Geschirr- und Potterieemail dazu gerechnet werden, wie die von Nordamerika seit einer Reihe von Jahren für die Brauindustrie eingeführten „glasemaillierten Gärbottiche aus Stahlblech", welchen der Charakter höchster Säurebeständigkeit abgeht.

Leider hat der Weltkrieg 1914/18 auch in der weiteren Entwicklung des Weltverbrauches säurebeständig emaillierter Erzeugnisse eine vollständige Stagnation hervorgerufen, und noch sind zurzeit die früheren Weltverkehrswege nicht wieder geöffnet, was besonders, wie die politischen und wirtschaftlichen Verhältnisse augenblicklich liegen, für die deutsche Emailindustrie eine gewaltige, fortgesetzte Hemmung bedeutet. Es kann daher auch nur die Vorkriegszeit für die Beurteilung der europäischen und außereuropäischen Absatzgebiete maßgebend sein. Auch läßt sich dieses überaus schwierig zu übersehende Verwendungsgebiet nur **vom deutschen Standpunkte** aus beurteilen, und dies wieder nur ohne Bekanntgabe von Zahlenmaterial, weil auch hierfür zuverlässiges statistisches Material zum genauen Überblick vollständig fehlt. Einseitige Angaben können aber von keinem wirtschaftlichen Wert sein, ganz abgesehen davon, daß sie gegen das Interesse deutscher Werke verstoßen würden.

Ein kleiner Rückblick auf die Zeit **vor** 1914 muß daher genügen.

Da fällt zunächst auf, daß gerade Industrieländer wie **England** und **Frankreich**, die, wenn auch nicht in dem Maße wie Deutschland, ebenfalls über Emaillierwerke verfügen, welche sich mit der Herstellung säurebeständigen Emails und der Fabrikation säurebeständig emaillierter Gefäße und Apparate beschäftigen, ständige Abnehmer der deutschen Erzeugnisse sind. Besonders haben britische Chemiker oft die Erklärung abgegeben, daß die deutschen Apparate an Güte den englischen weit überlegen seien. Hier kann vielleicht auch daran erinnert werden, daß schon **auf der Weltausstellung in Paris im Jahre** 1900 eine hervorragende Gruppe säurebeständig emaillierter Kessel und Gebrauchsgegenstände, darunter besonders große Gefäße, allgemeines Aufsehen hervorriefen und **dem ausstellenden deutschen Werke die goldene Medaille** eintrug.

Andere europäische Staaten besaßen vor 1914 kein Emaillierwerk für säurebeständig emaillierte Apparate und zählten daher, soweit Bedarf vorlag, alle unter den Kundenkreis der deutschen Emailindustrie. Da sind als bedeutende Abnehmer vor allem die **Schweiz** und **Holland** zu nennen, dann **Belgien**, **Italien**, das frühere **Österreich-Ungarn** und **Rußland**. Weiter zählte Deutschland zu seinen treuen Kunden die nordischen Staaten, vor allem darunter **Norwegen** und **Schweden**. **Rumänien**, soweit das Petroleumgebiet in Betracht kommt, ist ebenfalls ein ständiger Besteller säurebeständig emaillierter Apparate gewesen.

In den außereuropäischen Ländern, soweit sie nicht direkt als Kolonien von ihrem Mutterlande beeinflußt wurden und je nach den Verhältnissen den einen oder anderen Industriezweig zugeführt erhielten, sah man mit Ausnahme der Vereinigten Staaten von Nordamerika wenig chemische Industrie sich entfalten. Der Bedarf dieser überseeischen Länder ist daher verhältnismäßig unbedeutend.

Unter den Lieferungen nach asiatischen Ländern können genannt werden Ostindien und jedenfalls auch China, was jedoch bei letzterem Land nicht genau festzustellen ist, da direkte Lieferungen nicht nachweisbar sind. Es darf aber angenommen werden, daß über Holland und England manches säurebeständige emaillierte Stück nach chinesischen Verbrauchsplätzen wanderte.

Bemerkenswert ist dann der nicht unbedeutende Export säurebeständig emaillierter Apparate nach Amerika, und zwar speziell nach den Vereinigten Staaten, das nämlich selbst über Emaillierwerke verfügt, die sich mit der Herstellung säurebeständigen Emails und säurebeständig emaillierter Apparate befassen. Aber auch von dort ist öfter zum Ausdruck gekommen, daß das säurebeständig emaillierte Fabrikat Deutschlands von keinem amerikanischen an Güte erreicht werden könnte. Wäre es auch nicht so, welchem nordamerikanischen Fabrikanten fiele es ein, säurebeständig emaillierte Apparate aus Deutschland zu beziehen?

Der hinter uns liegende Weltkrieg hat vieles im Wirtschaftsleben geändert. Überall sind die alten Verkehrswege zerstört, und noch ist es nicht gelungen, sie wieder wie früher in regem Austausch ungehemmt zu beschreiten. Die Not des Krieges hat in manchen Ländern ein bedeutendes Mehr an erzeugenden Werken hervorgerufen, darunter vielleicht auch solche für säurebeständig emaillierte Erzeugnisse. Noch ist dies schwer zu übersehen. Aber wie dem auch sei, der baldige freie und ungehemmte Weltverkehr der Völker, der ja bald wieder aufgenommen werden muß, wird darüber Klarheit geben. Dann werden auch die säurebeständig emaillierten Fabrikate der alten und neuen Werke sich begegnen im scharfen Wettbewerb. Wer wird siegen? Heute mehr wie je nur das Beste der säurebeständigen Emailtechnik.

Es darf wohl als sicher angenommen werden, daß die deutsche Emailindustrie ihren alten guten Ruf zu wahren wissen wird. Sie wird nach wie vor ein Fabrikat auf den Weltmarkt bringen, das Zeugnis, wie bisher, von seiner unübertroffenen Güte und hervorragenden Eigenschaften ablegen wird, ihr und der gesamten chemischen Industrie zu Nutz und Ehr.

Altenburg, S.-A.
Pierersche Hofbuchdruckerei
Stephan Geibel & Co.

Verlag von Julius Springer in Berlin W 9

Chemische Technologie der Emailrohmaterialien für den Fabrikanten, Emailchemiker, Emailtechniker usw. Von Dr.-Ing. **Julius Grünwald**, gew. Fabrikdirektor, beratender Ingenieur für die Eisenemailindustrie. Zweite, verbesserte und erweiterte Auflage. Mit 25 Textabbildungen. 1922. Gebunden GZ. 8,8.

Aus den zahlreichen Besprechungen:

Das Erscheinen der zweiten Auflage des obigen Werkes ist mit Freuden zu begrüßen. Der Verfasser bespricht in dem Buch die für die Emailfabrikation notwendigen Rohstoffe, wobei er auf ihre chemisch-technologischen und mineralogischen Eigenschaften eingeht. Die praktische Seite der Emailfabrikation wird dabei an Hand eigener Erfahrungen sowie der neuesten Forschungsergebnisse dargestellt. Das Buch ist aus der Praxis für die Praxis geschrieben; die leicht verständliche Art der Darstellung wird auch dem Nichtfachmann manche Aufklärung bieten können. Die Ausstattung des Werkes ist vorzüglich, und es kann den einschlägigen Fachleuten und auch den Keramikern angelegentlichst empfohlen werden.

Das Technische Blatt der Frankfurter Zeitung.

Die industrielle Keramik. Ein chemisch-technologisches Handbuch. Von Prof. **A. Granger** in Sèvres. Deutsche Übersetzung bearbeitet von **R. Keller** in Nymphenburg. Mit 185 Textfiguren. 1908. GZ. 10.

Quarzglas, seine Geschichte, Fabrikation und Verwendung. Von Dipl.-Ing. **Paul Günther** in Augustenburg. Mit 10 Textfiguren. 1911. GZ. 1,4.

Die Chemie des Fluors. Von Dr. **Otto Ruff**, o. Professor am Anorganisch-chemischen Institut der Technischen Hochschule Breslau. Mit 30 Textfiguren. 1920. GZ. 4,5.

Die Diazoverbindungen. Von Dr. **A. Hantzsch**, o. Professor an der Universität Leipzig und Dr. **G. Reddelien**, a. o. Professor an der Universität Leipzig. 1921. GZ. 4.

Die Naphthensäuren. Von Dr. **J. Budowski**. Mit 5 Textabbildungen. 1922. GZ. 4.

Der Betriebschemiker. Ein Hilfsbuch für die Praxis des chemischen Fabrikbetriebes. Von Fabrikdirektor Dr. **Richard Dierbach**. Dritte, teilweise umgearbeitete und ergänzte Auflage von Chemiker Dr.-Ing. **Bruno Waeser**. Mit 117 Textfiguren. 1921. Gebunden GZ. 10.

Die eingesetzten Grundzahlen (GZ.) entsprechen dem ungefähren Goldmarkwer und ergeben mit dem Umrechnungsschlüssel (Entwertungsfaktor), Anfang November 1922: 160, vervielfacht den Verkaufspreis.

Verlag von Julius Springer in Berlin W 9

Lunge-Berl, Taschenbuch für die anorganisch-chemische Großindustrie. Herausgegeben von Professor Dr. **E. Berl** in Darmstadt. Sechste, umgearbeitete Auflage. Mit 16 Textfiguren und 1 Gasreduktionstafel. 1921. Gebunden GZ. 9.

Lunge-Berl, Chemisch-technische Untersuchungsmethoden. Unter Mitwirkung zahlreicher hervorragender Fachleute herausgegeben von Ing.-Chem. Dr. **E. Berl,** Professor der Technischen Chemie und Elektrochemie an der Technischen Hochschule zu Darmstadt. Siebente, vollständig umgearbeitete und vermehrte Auflage. In 4 Bänden. Erster Band. Mit 291 in den Text gedruckten Figuren und einem Bildnis. 1921. Gebunden GZ. 35. Zweiter Band. Mit 313 in den Text gedruckten Figuren. 1922.
Gebunden GZ. 45.

Fortschritte in der anorganisch-chemischen Industrie an Hand der deutschen Reichspatente dargestellt. Mit Fachgenossen bearbeitet und herausgegeben von Ing. **Adolf Bräuer** und Dr.-Ing. **J. D'Ans.** Erster Band 1877—1917. Erster Teil. Mit zahlreichen Textfiguren. 1921. GZ. 60 Zweiter Teil. 1922. GZ. 72

Untersuchung des Wassers an Ort und Stelle. Von Prof. Dr. **Hartwig Klut,** wissenschaftl. Mitglied der Preuß. Landesanstalt für Wasserhygiene zu Berlin-Dahlem. Vierte, neubearbeitete Auflage. Mit 34 Textabbildungen. 1922. GZ. 4.

Chemie der Nahrungs- und Genußmittel sowie der Gebrauchsgegenstände. Von Dr. phil., Dr. Ing. h. c. **J. König,** Geh. Reg.-Rat o. Professor an der Westfälischen Wilhelms-Universität Münster i. W. In drei Bänden nebst zwei Ergänzungsbänden.

Ausführlicher Prospekt über die einzelnen Bände steht auf Wunsch, gern zur Verfügung.

Die deutsche Lebensmittel-Gesetzgebung, ihre Entstehung, Entwicklung und künftige Aufgabe. Vortrag, gehalten am 22. August 1921 auf der Hauptversammlung und Reichsausstellung des Reichsverbandes deutscher Kolonialwaren- und Lebensmittelhändler in Frankfurt a. M. Von Geh. Reg.-Rat Prof. Dr. **A. Juckenack,** Ministerialrat und Direktor der Staatlichen Nahrungsmittel-Untersuchungsanstalt in Berlin. 1921. GZ. 0,6.

Bujard-Baiers Hilfsbuch für Nahrungsmittelchemiker, zum Gebrauch im Laboratorium für die Arbeiten der Nahrungsmittelkontrolle, gerichtlichen Chemie und anderen Zweige der öffentlichen Chemie. Vierte, umgearbeitete Auflage. Von Professor Dr. **E. Baier,** Berlin. Mit 9 Textabbildungen. 1920. Gebunden GZ. 18.

Die eingesetzten Grundzahlen (GZ.) entsprechen dem ungefähren Goldmarkwert und ergeben mit dem Umrechnungsschlüssel (Entwertungsfaktor), Anfang November 1922: 160, vervielfacht den Verkaufspreis.

MIX
Papier aus verantwortungsvollen Quellen
Paper from responsible sources
FSC® C105338

If you have any concerns about our products,
you can contact us on
ProductSafety@springernature.com

In case Publisher is established outside the EU,
the EU authorized representative is:
**Springer Nature Customer Service Center GmbH
Europaplatz 3, 69115 Heidelberg, Germany**

Printed by Libri Plureos GmbH
in Hamburg, Germany